175개 핵심 이론으로 배우는

과학 지도 그리기

The Little Book of Scientific Principles Theories & Things

First published in Australia by New Holland Publishers (Australia) Pty Ltd
Text copyright @ Surendra Verma
All rights reserved.

KOREAN language edition © 2007 by Jisik-Naite Publishing

KOREAN translation rights arranged with New Holland Publishers (Australia) Pty Ltd,
through EntersKorea Co., Ltd., Seoul, Korea

175 개 핵심 이론으로 배우는 **과학지도 그리기**

슈렌드라 버마 지음 | **이강현** 옮김

지식나이테

175개 핵심 이론으로 배우는 과학 지도 그리기

초판 1쇄 발행_ 2007년 2월 26일
초판 2쇄 발행_ 2007년 10월 2일

글쓴이_ 슈렌드라 버마
옮긴이_ 이강현

펴낸곳_ 지식나이테
펴낸이_ 윤보승

편집팀장_ 임종민
책임편집_ 이정환
편집팀_ 이성현, 이태희, 곽종정, 김주범, 김한나
디자인팀장_ 최승협
책임디자인_ 김경란
디자인팀_ 이윤희, 김승이, 최진영, 이봉희, 오혜숙, 이지현, 이선영

등록_ 2005. 06. 30 | 105-90-92825호
ISBN_ 978-89-957255-4-2 43400

서울시 마포구 동교동 203-9 4층
전화_ 편집 02)333-0812 마케팅 02)333-9077 | 팩스 02)333-9960
이메일 postmaster@jisik-naite.com
홈페이지 www.jisik-naite.com

값 10,000원

지식나이테는 꿈을 채워가는 여러분의 동반자입니다.
책을 읽는 사람들의 든든한 '지기' – 지식나이테

친근한 과학으로
다가오기를 기대하며

첨단 과학의 시대인 21세기를 살아가면서, 누구나 어린 시절에 한 번쯤은 과학자가 되는 꿈을 꿔보았을 것이다.

하지만 대부분이 초등학교와 중·고등학교를 지나면서 과학자의 이름과 그 사람의 업적, 그리고 이에 대한 단편적인 지식을 묻는 문제를 수없이 풀면서 점차 과학을 딱딱하고 어려운 학문이라고 생각해 멀리하게 된다. 그리고 이러한 거리감은 최근 많은 사람들이 우려하는 것처럼 젊은이들이 이공계를 기피하는 현상으로 이어지기도 한다. 하지만 과학은 곧 어려운 학문이라고 여기는 이들도 뉴턴이 땅에 떨어지는 사과를 보고 만유인력의 원리를 세운 이야기, 아르키메데스가 목욕탕에서 넘쳐흐르는 물을 보고 부력의 원리를 발견한 이야기를 딱딱하다거나 어렵다고 생각하지는 않을 것이다. 이처럼 유명한 과학 이론의 이면에는 과학자들의 알려지지 않은 에피소드가 많이 숨어 있다.

이 책은 지난 수천 년간 인류의 문명을 발전시켜온 과학과 과학자에 대한 '이야기' 책이다. 이 책은 "직각삼각형에서 빗변의 제곱은 다른 두 변의 제곱의 합과 같다"라는 피타고라스의 정리와 그 이론에 대해서만 설명하는 것이 아니라, 피타고라스가 어떤 동기로 그 이론을 생각하게 되었는가 하는 점에도 초점을 맞춰 이야기를 풀어내고 있다. 그렇다고 해서 단순히 과학자들의 에피소드들만을 흥미 위주로 모아놓은 책은 아니다. 각 이론과 개념을 다른 내용의 도입부에서는 과학적 발견이나 발명의 원리와 의미에 대해 간단하지만 핵심적으로 소개하고 있다. 이러한 설명에는 어쩔 수 없이 전문 용어가 그대로 사용된다. 따라서 각 개념에 대해 좀더 잘 이해하기 위해서는 약간의 과학 지식이 있으면 더욱 좋을 것이다. 이 책을 읽고자 하는 독자라면 '피타고라스의 정리'나 '다윈의 진화론'이 무엇인지 정도는 알고 있었으면 한다. 혹시라도 이러한 내용을 전혀 모르는 독자가 이 책을 본다면, 인터넷이나 백과사전을 통해 관련 내용에 대해 한 번쯤은 찾아보는 수고를 부탁하고 싶다. "아는 만큼 보인다"는 말이 있듯이 이 책에서 소개하는 과학자들도 그 업적을 알고 있는 경우와 모르는 경우에 다가오는 모습이 다를 것이기 때문이다.

하지만 이 정도의 수고가 부담이 된다면, 중·고등학교에서 배우는 과학자들의 숨겨진 에피소드에 대한 소개 정도로만 이 책을 읽어도 좋다. 그리고 훗날 친구들과의 대화 도중에 또는 텔레비전을 시청하는 중에, 소설책을 읽는 중에 과학자들과 이들의 업적에 대한 이야기가 나왔을 때 이 책에서 소개한 과학자들의 에피소드를 떠올리면서 미소 지을 수 있었으면 좋겠다. 과학이 친근하게 느껴지는 것, 바로 이것이 과학에 대한 관심의 시작이기 때문이다.

이강현

● 차례 ●

이 책을 어떻게 읽을까

이 책은 물리학, 지구과학, 화학, 생물학 등 우리가 오늘날 과학이라고 알고 있고 배우고 있는 모든 분야들의 기초를 세운 175개의 법칙과 원리, 공식, 개념 들을 설명한다.

이 책에서 다루는 이론과 개념 들은 그것이 발견되거나 밝혀진 연도순으로 정리가 되어 있다. 오늘날의 시각으로 보기에는 너무도 당연한 과학적 사실들이 최초에 정립되는 과정에서부터 다른 과학자들의 다른 이론들에 어떤 영향을 주었는지를 시간의 흐름대로 확인해볼 수 있을 것이다.

그러나 이 책을 반드시 순서대로 읽을 필요는 없다. 상황에 따라 일부분만을 따로 읽을 수도 있다. 각각의 개념과 이론을 1~2페이지 내에서 가장 핵심적인 사실 위주로 설명해놓았기 때문이다. 또 해당 개념이나 이론과 연관된 내용이 다른 부분에서 나올 경우, 참고해서 찾아볼 수 있도록 '참고하기' 표시를 해놓았다.

또한 책의 중간중간에 끼인 '과학 개념 길라잡이' 페이지들은 과학사의 중요한 이론이나 연구 분야가 어떤 흐름을 가지고 발전해왔는지를 소개하는 지면이다. 이 책이 중요한 과학 개념과 이론 들을 시대순으로 나열하는 체제로 꾸며 그 이론들이 정립되고 확대되는 과정을 시간의 흐름대로 파악할 수 있게 했다면, '과학 개념 길라잡이' 페이지들은 원인과 결과처럼 서로 관계된 이론과 개념 들을 한데 모아 좀더 연관성 있는 세부적인 과학 지도를 그려낼 수 있도록 의도된 것이다.

책의 목차에는 여기서 다룬 이론들을 일목요연하게 확인할 수 있고, 책의 끝 부분에 수록된 '찾아보기'는 중요한 개념이나 과학자들이 어느 부분들에서 등장했는지 알고자 할 때 유용할 듯싶다.

오른쪽 그림은 각 페이지를 구성하는 기본 요소들을 설명하고 있다.

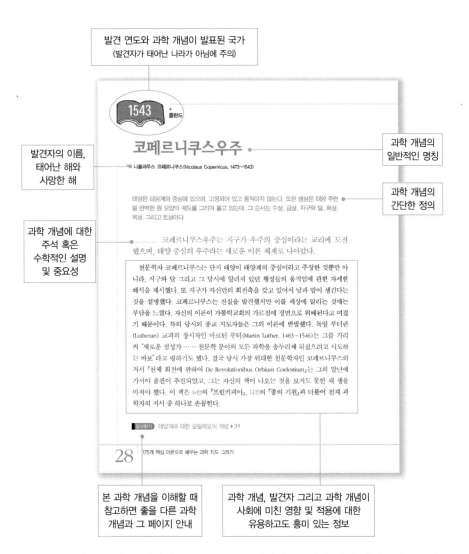

발견 연도와 과학 개념이 발표된 국가
(발견자가 태어난 나라가 아님에 주의)

발견자의 이름, 태어난 해와 사망한 해

과학 개념에 대한 주석 혹은 수학적인 설명 및 중요성

과학 개념의 일반적인 명칭

과학 개념의 간단한 정의

본 과학 개념을 이해할 때 참고하면 좋을 다른 과학 개념과 그 페이지 안내

과학 개념, 발견자 그리고 과학 개념이 사회에 미친 영향 및 적용에 대한 유용하고도 흥미 있는 정보

이 책의 체제에 대해서 충분히 이해하게 되었다면, 이제 과학 세계로의 즐거운 타임머신 여행을 떠나보자!

피타고라스의 정리

★ 피타고라스(Pythagoras, BC 580~500 무렵)

직각삼각형에서 빗변 길이의 제곱 값은 다른 두 변 길이의 제곱 값의 합과 같다

이 정리는 일반적으로 $a^2 + b^2 = c^2$의 식으로 표현되는데, 여기서 c는 직각삼각형 빗변의 길이를, a와 b는 다른 두 변의 길이를 나타낸다. 피타고라스의 정리는 산의 높이나 거리를 측정하는 삼각측량의 시발점이 되었다.

전설에 따르면, 피타고라스가 어느 날 바둑판 모양의 바닥이 깔린 이집트의 사원을 걷고 있었다고 한다. 바닥은 색이 다른 두 종류의 정사각형 타일로 되어 있었다. 이때 기둥의 그림자가 정사각형 타일을 비스듬히 가로질러 드리워졌고, 그림자와 정사각형 타일은 다양한 기하학적 모양을 만들어냈다. 기하학에 관심이 많았던 그는 각기 다른 이 유형들을 연구해 결국 피타고라스의 정리를 증명했다.

피타고라스가 직각삼각형 각 변의 관계를 최초로 증명하기는 했지만, 그가 이것을 발견한 것은 아니었다. 피타고라스보다 1,000년이나 앞서 살았던 바빌로니아 사람들이 이미 이 사실을 알고 있었다고 전해진다. 피타고라스는 또한 지구가 둥글다는 사실을 처음 발견한 사람으로, 이는 나중에 에라토스테네스에 의해 입증되었다.

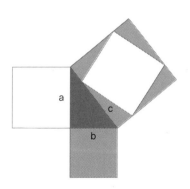

검은색 삼각형의 빗변 c의 제곱 값은 다른 두 변 a와 b의 제곱 값의 합과 같다.

제논의 역설

제논(Zēnōn ho Eleatēs, BC 450 무렵) ★

움직임은 환각일 뿐이다

제논은 네 개의 역설을 고안했는데 이것들은 모두 '움직임이란 실재할 수 없음'을 증명하려는 시도였다.

제논의 역설 중 가장 유명한 것이 바로 아킬레우스와 거북이에 관한 것이다. 즉, 두 명의 달리기 주자 중 느린 쪽이 먼저 출발한다면 빠른 쪽은 결코 이를 따라잡지 못한다는 것이다. 역사상 가장 빠른 사람으로 유명한, 트로이 전쟁의 영웅 아킬레우스가 거북이보다 열 배나 빠르게 달릴 수 있다고 가정해보자. 또한 둘의 달리기 시합에서 거북이가 100미터 앞에서 출발한다고 가정해보자. 아킬레우스가 100미터를 뛰어갔을 때, 거북이는 10미터를 기어가게 되므로, 아킬레우스보다 10미터 앞에 있게 된다. 거기서 아킬레우스가 10미터를 더 뛰어간다면, 거북이는 또다시 얼마만큼 앞에 있게 된다. 이러한 일들은 계속 반복된다. 수학적으로 아킬레우스는 최대한 가까이 다가갈 수는 있어도 결코 거북이를 앞지를 수는 없다.

제논의 역설은 시간과 공간이 무한히 나뉠 수 있다는 잘못된 가정에 기반하고 있다. 어떤 수가 무한히 반복되는 무한소수에 그 수의 개수가 추가되어도 여전히 무한하다는 가정 말이다.

이 역설은 2,000년간 미해결 상태로 있다가 17세기에 이르러 반전을 맞는다. 영국의 수학자 제임스 그레고리(James Gregory, 1638~1675)가 어떤 수가 무한히 반복되는 무한소수에 그보다 작은 무한소수를 계속해서 더하면 결국 유한한 수와 같게 된다는 것을 증명한 것이다. 이것을 수렴이라고 하며 더해진 두 수 사이의 차이가 앞서 더해진 두 수 사이의 차이보다 작은 것이 반복될 때 나타난다.

데모크리토스의 원자 이론

★ 데모크리토스(Dēmokritos, BC 460~370 무렵)

물질은 원자라고 불리는 수많은 작은 입자와 빈 공간으로 이루어져 있다

데모크리토스의 원자 이론은 그 이전의 그리스 철학에 기반을 두고 있다. 이것은 물질의 본질을 설명하려는 첫 번째 과학적 시도였다. 하지만 오늘날에는 이 이론의 상당 부분이 잘못된 것으로 밝혀졌다.

초기 그리스 자연주의 철학자 중 가장 위대한 사람으로 꼽히는 데모크리토스는 원자는 더 작은 입자로 나뉠 수 없으며, 새롭게 창조되지도 않는다고 주장했다. 그는 원자는 항상 움직이며 서로 부딪치기도 하는데, 이때 서로 결합하기도 하고 튕겨 나가기도 한다고 했다. 로마의 시인 루크레티우스(Lucretius, BC 94~55 무렵)는 데모크리토스의 원자를 서로 결합할 수 있는 갈고리를 가진 입자로 상상했다. 데모크리토스의 일생에 대해서는 알려진 바가 거의 없으나, 그의 원자 이론은 2세기 무렵 그리스의 전기 작가인 디오게네스 라에르티오스(Diogenes Laertios)의 책『뛰어난 철학가들의 삶 Peri bion dogmaton kai apophthegmaton ton en philosophia eudokimesanton』을 통해 알려졌다. 라에르티오스는 데모크리토스가 쓴 73권의 책 목록을 소개했지만 오늘날에 전해지는 것은 단 한 권도 없다.

위대한 그리스 철학자 아리스토텔레스(Aristoteles, BC 384~322)는 원자에 대한 데모크리토스의 아이디어를 거부하고, 물질을 완전히 동일하고 균질한 것으로 생각했다. 아리스토텔레스의 이런 물질 개념은 기본적으로 잘못된 것이었지만, 그의 영향력이 워낙 엄청났기에 19세기에 돌턴이 원자 이론을 제시하기 전까지 옳은 것으로 생각되었다.

히포크라테스 전집

히포크라테스(Hippokratēs, BC 460~377 무렵) ★

히포크라테스 전집으로 알려진 약 60권의 고대 의학 저서

이 전집은 현존하는 가장 오래된 서양 과학 저서이며, 서양 의학의 기초가 되었다. 비록 여기에 실린 치료 방법이 오늘날에는 상상력의 산물로 간주되고 있지만, 그 내용은 과학에 입각한 언어로 쓰여 있다. 즉, 이 전집에는 마법이나 악마, 신에 대한 이야기가 나오지 않는다.

히포크라테스는 오늘날 의학의 아버지로 유명하지만, 그에 대해서 알려진 바는 거의 없다. 소크라테스와 동시대 사람이며, 코스(Cos) 섬에 살았던 것으로 알려져 있을 뿐이다. 1세기 무렵의 의학 사전 편집자인 셀서스(Celsus)는 그를 가리켜 "기억할 만한 가치가 있는 첫 번째 자연과학자"라고 칭했다. 히포크라테스의 의술은 차고 습한 성질의 물, 따뜻하고 습한 성질의 공기, 따뜻하고 건조한 성질의 불 그리고 차고 건조한 성질의 흙이라는 네 개의 원소와 담, 혈액, 담즙 그리고 흑담즙의 네 개의 체액 사이의 균형을 기초로 삼고 있었다. 이들의 균형이 깨진 결과 질병을 얻는다는 것이었다. 예를 들어, 만일 차고 습한 기운이 넘쳐서 질병이 발생했다면 의사는 이 균형이 다시 회복되도록 노력해야 한다는 것이었다. 오늘날엔 더 이상 히포크라테스의 의술을 사용하지는 않지만 그의 이름은 의과대학 학생들이 졸업식에서 하는 히포크라테스 선서에 남아 있다. 이것은 히포크라테스가 자신의 제자들에게 윤리적인 의술 활동을 하겠다는 맹세를 시킨 데서 비롯된 것이다.

유클리드기하학

★ 에우클레이데스(Eukleidēs, BC 300 무렵)

(1) 두 개의 점 사이에는 하나의 직선이 존재한다
(2) 직선은 어느 방향으로든 무한대로 나아갈 수 있다
(3) 특정한 중심점과 반지름을 갖는 원은 하나만 존재한다
(4) 모든 직각은 동일하다
(5) 두 개의 직선을 세 번째 직선이 관통하고, 각 교점의 내각이 직각보다 작다면 두 직선
    은 만난다 (그렇지 않으면 두 직선은 평행이고, 만나지 않는다)

위의 다섯 가지 공준(公準)은 유클리드기하학의 기초다. 많은 수학자들은 다섯 번째 공준을 진정한 공준이 아니라 앞의 네 가지 공준을 이용해 도출되는 것으로 생각한다. 유클리드기하학은 오늘날에도 교과 과정의 하나로 자리잡고 있다.

에우클레이데스〔영어명 '유클리드(Euclid)'〕가 쓴 『기하학원본 Stoicheia』은 전 역사를 통해 가장 널리 읽히는 교과서다. 이 책은 19세기에 다른 종류의 기하학, 예컨대 데카르트기하학(Cartesian coordinate geometry)이 나오기 전까지 기하학의 표준이 되는 교과서였다. 사실 에우클레이데스의 생애에 대해서는 알려진 것이 전혀 없다. 그는 아테네에서 공부를 했으며, 프톨레마이오스 1세(Ptolemaios I, 재위 BC 305~285 무렵)의 시대에 알렉산드리아에서 살았다고 한다. 그와 관련해서 두 개의 유명한 일화가 있다. 프톨레마이오스가 에우클레이데스에게 모든 이론을 다 공부하는 것 말고는 기하학을 더 쉽게 공부할 수 있는 방법이 없느냐고 물었을 때, 에우클레이데스는 "기하학에는 왕도가 없습니다"라고 대답했다고 한다. 또 다른 일화는 다음과 같다. 그의 제자 중 한 명이 기하학을 배우는 것은 실생활에

아무런 쓸모가 없다고 불평을 했다고 한다. 그러자 에우클레이데스는 노예를 시켜 학생에게 돈을 주었고, 이를 통해 그 학생이 기하학을 공부하는 것이 이익이 된다는 것을 알게 했다고 한다.

『기하학원본』은 점, 선, 원, 직각 등에 대한 스물세 개의 정의와 다섯 개의 공리(公理), 다섯 개의 공준으로 시작한다. 그리고 이를 이용해 에우클레이데스는 465개의 이론을 증명했다. 일반적으로 공리는 그 자체로 확실한 진리이며 다른 명제들의 전제가 되는 근본 명제를 말하고, 공준은 공리만큼 자명(自明)하지는 않지만 논증을 전개하는 데 기초가 되는 명제를 말한다. 수학에서의 공리는 바로 에우클레이데스로부터 유래했는데, 에우클레이데스는 증명을 필요로 하지 않는 명확한 명제들 중에서 '기하학 특유'의 것을 공준으로, 보다 일반적인 범위에 적용할 수 있는 것을 공리라고 했다. 한편, 정리(定理)는 논리적인 범위 내에서 이미 증명이 된 명제를 말한다. 에우클레이데스의 다섯 개 공리는 다음과 같다.

1. 세 번째 사물에 대해 동일한 두 개의 사물은 서로 동일하다(A=B, A=C → B=C).
2. 동일한 것이 서로 더해지면 그 전체 역시 동일하다(A=B → A+C=B+C).
3. 동일한 것에서 동일한 것을 빼면 남은 것도 동일하다(A=B → A−C=B−C).
4. 겹쳐놓아 서로 일치하는 것은 서로 동일하다.
5. 전체가 부분보다 크다.

평행선의 공준 | 두 개의 직선을 세 번째 직선이 관통할 때, 평행한 두 직선은 절대로 만나지 않는다(a), 그러나 만일 마주 보는 두 내각의 합이 두 직각의 합(180°)보다 작으면 두 직선은 만나게 된다(b, c).

아르키메데스의 원리

★ 아르키메데스(Archimedes, BC 287~212 무렵)

액체 속에 물건을 넣으면 그 물건이 차지한 만큼의 액체의 무게와 같은 힘으로 떠올려진다

배와 같이 떠 있는 물체에 작용하는 부력은 그 물체가 대체한 물의 무게와 같다.

시라쿠사(시칠리아 섬에 있었던 그리스 도시국가)의 왕 히에론(Hieron)은 자신의 금관을 만든 대장장이가 순금으로 금관을 만들었는지 의심스러웠다. 그래서 아르키메데스에게 금관을 손상시키지 않으면서 순금 여부를 파악해 오라는 명을 내렸다. 어느 날, 공중목욕탕에 간 아르키메데스는 자신의 몸이 욕조 속으로 들어갈수록 더 많은 양의 물이 욕조 밖으로 넘쳐나는 것을 보았다. 그는 갑자기 왕의 금관 문제를 해결할 수 있는 방법을 알아챘다. 그는 너무 흥분한 나머지 벌거벗고 길거리를 달리면서 "유레카! 유레카!"라고 소리쳤다. '유레카'는 '알아냈다'라는 뜻이다.

고대의 위대한 과학자이자 수학자였던 아르키메데스는 왕의 금관을 물이 가득 찬 항아리에 넣고 넘쳐흐르는 물을 받았다. 그리고 그가 금관과 같은 무게의 금을 물에 넣자, 더 적은 양의 물이 밖으로 흘러넘쳤다. 이렇게 해서 아르키메데스는 대장장이가 금관을 만들 때 은과 같이 밀도가 낮은 금속을 섞었다는 것을 알아냈다.

π

아르키메데스(Archimedes, BC 287~212 무렵) ★

모든 원의 둘레 길이와 지름은 항상 같은 비를 가지며, 이를 상수 파이(π)라고 한다

2의 제곱근과 마찬가지로 파이는 무리수다. 끝이 없이 계속 나아가는 수의 사슬을 달고 있으며, π로 표시된다. π의 정확한 값은 알 수 없지만, 실생활에 필요한 정도의 정확한 π 값은 구할 수 있다.

원의 둘레 길이와 지름의 비에 대한 가장 오래된 문헌은 기원전 1650년경에 쓰인 이집트의 파피루스지만, 처음으로 비교적 정확한 값을 계산한 사람은 아르키메데스였다. 그는 π가 3과 1/7에서 3과 10/71 사이의 값, 또는 3.142에서 3.141사이의 값을 갖는다고 했는데, 이는 소수점 둘째 자리까지 정확하게 맞춘 것이었다. 18세기 스위스의 수학자인 레온하르트 오일러(Leonhard Euler, 1707~1783)가 최초로 원둘레를 뜻하는 그리스어의 첫 글자를 따서 π라는 기호를 사용했다. 인공위성을 설계하는 데는 겨우 π의 소수점 이하 10자리 이내만 정확하게 알면 되지만, 몇몇 수학자들은 정확한 π값을 구하는 것을 평생의 업으로 삼고 있다. 2002년, 가나다 야스마사(金田康正, 1949~)는 도쿄대학교의 슈퍼컴퓨터를 사용해 π의 값을 구했다. 컴퓨터는 1,024기가바이트(gigabyte)의 메모리로 602시간 동안 작동해 소수점 이하 124,100,000,000자리까지 계산했다.

$\pi=3.14159265358979323846264338327950288419716939937510582097494459230781640628620899862803$

에라토스테네스의 지구 둘레 측정

★ 에라토스테네스(Eratosthenes, BC 275~194 무렵)

하짓날 정오에 태양은 시에네 지역에서 머리 위 한가운데에 위치해 그림자가 나타나지 않지만, 같은 시각에 알렉산드리아에서는 태양이 약간 기울어져 그림자가 드리워진다

에라토스테네스는 위의 간단한 개념을 이용해 지구의 둘레 길이를 측정했다.

에라토스테네스는 햇빛이 내리쬐는 각도가 여러 지역에 따라 다르게 나타나는 것을 보고 지구가 평평하지 않다는 것을 추론해내고, 간단한 기하학 장비를 이용해 알렉산드리아에서는 정오에 태양빛이 360도의 1/50인 7.2도 정도 기울어져 있다는 것을 발견했다. 이를 이용해 그는 지구의 둘레 길이가 시에네(오늘날의 아스완)와 알렉산드리아, 두 지역 사이 거리의 50배에 해당한다고 계산했다. 에라토스테네스가 측정한 지구 둘레의 길이는 39,350킬로미터로 실제 지구 둘레의 길이인 40,033킬로미터에 매우 근사하다. 놀라운 발견이 아닐 수 없다.

에라토스테네스는 천문학자, 수학자, 지리학자, 역사학자, 비평가 및 시인으로서 매우 다재다능한 학자였다. 그의 별명은 그리스 문자의 두 번째 글자인 베타(Beta, β)였는데 그 이유는 모든 분야에서 두 번째로 잘하는 사람이라는 뜻이었다.

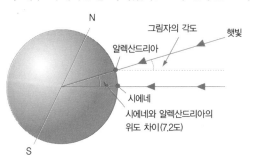

175개 핵심 이론으로 배우는 과학 지도 그리기

프톨레마이오스의 천동설

클라우디오스 프톨레마이오스(Klaudios Ptolemaeos, 90~170 무렵) ★

지구는 모든 우주의 중심에 있다

이 잘못된 믿음이 1,400년 동안 천문학을 지배했다.

"지구는 움직이지 않는다. 만일 지구가 움직인다면 바퀴에 묻은 진흙이 떨어져 나가듯 지표면의 모든 물체는 튕겨 나갈 것이다. 지구는 항상 모든 만물의 중심에 위치하고 있는데, 그 이유는 그곳이 당연한 자리이기 때문이다. 어느 한쪽이나 다른 쪽으로도 움직이지 않는다. 지구 주위에는 달, 수성, 금성, 태양, 화성, 목성 그리고 토성의 커다란 천체들이 줄지어 있는데, 가장 바깥쪽에 위치한 고정된 별들로 이루어진 거대한 천구의 영향으로 움직인다." 이것은 프톨레마이오스가 선배 과학자들의 업적을 소개하며 『알마게스트 Almagest』라는 책에 쓴 내용이다. 아랍어로 '위대한 자' 라는 뜻인 『알마게스트』의 우수성, 중요성 그리고 영향력은 에우클레이데스의 『기하학원본』에 비견될 수 있다. 『알마게스트』의 대부분은 행성의 움직임을 수학적으로 분석한 내용이다. 프톨레마이오스는 행성의 운동을 원과 주전원(周轉圓)으로 이루어진 복잡한 체계를 통해 설명했는데, 이는 수 세기 동안 천문학자들을 지긋지긋하게 괴롭혔다. 13세기 스페인 카스티야(Castilla) 왕국의 지혜로운 왕이자 천문학 애호가였던 알폰소 10세(Alfonso X, 재위 1252~1284)는 "만일 창조주가 세상을 창조하기 전에 나에게 상담을 했다면 나는 좀더 간단하게 만드시라고 권해드렸을 것이다"라고 언급하기까지 했다. 프톨레마이오스의 이론은 후에 코페르니쿠스에 의해 도전받았고, 케플러에 의해 깨졌다. 프톨레마이오스는 또한 지구가 공 모양이라는 에라토스테네스의 견해를 지지했으며, 크리스토퍼 콜럼버스 (Christopher Columbus, 1451~1506)는 이로부터 항해에 나설 용기를 얻었다.

피보나치의 수

★ 레오나르도 피보나치(Leonardo Fibonacci, 1170~1250 무렵)

1, 1, 2, 3, 5, 8, 13, 21, 34, 55, 89, 144…… 와 같이 앞의 두 수의 합이 다음 수가 되는 숫자들의 연속

이러한 숫자들의 연속은 피보나치수열로 알려져 있으며, 이 수열을 구성하는 숫자들을 가리켜 피보나치의 수라고 한다.

피보나치수열은 여러 가지 흥미로운 수학적 특성을 갖는다. 예를 들어, 각각의 이웃한 숫자 중 큰 수를 작은 수로 나누면(1/1, 2/1, 3/2, 5/3, 8/5……), 그 값이 1.618에 가까워진다. 이 비율은 흔히 황금률(golden ratio)이라고 알려져 있으며, 그리스 문자인 φ(피)로 표기한다. φ는 고대 그리스 시대부터 알려져 있었다. 그리스의 건축가들은 건축물을 만들 때 이 비율에 맞추어 짓곤 했는데, 가장 대표적인 건축물로는 아테네의 파르테논 신전이 있다. φ는 자연 속에서도 찾아볼 수 있다. 꽃양배추의 작은 꽃잎과 같이 꽃들은 종종 피보나치의 수에 해당하는 개수의 꽃잎을 갖는다. 해바라기 꽃씨는 두 개의 나선 모양의 세트로 정렬되어 있는데, 이 두 나선 모양의 세트에 들어 있는 꽃씨 개수의 비가 바로 φ이다. 또한 사람의 키와 발에서 배꼽까지 거리의 비도 φ이다.

피보나치는 북아프리카를 여행하던 중, 인도에서 고안되어 당시 이슬람 세계에서 널리 쓰이고 있던 10진법을 배웠고, 자신의 저서인 『산술교본 Liber Abaci』을 통해 오늘날 널리 쓰이는 아라비아 숫자를 서방 세계에 처음으로 소개했다.

오컴의 면도날

오컴의 윌리엄(William of Ockham, 1285~1349) ★

당연한 사실을 불필요하게 되풀이해서는 안 된다

과학 이론의 증명에 관한 가이드라인인 이 원리는 어떤 사실을 설명할 때는 가장 간단한 설명이 가장 좋은 설명이라고 말한다.

윌리엄은 런던에서 남서쪽으로 40킬로미터 떨어진 오컴이라는 마을 출신의 철학자이자 신학자였다. 젊은 시절, 그는 프란체스코회의 수도자였으며, 나중에 1315년부터 1319년까지 교편을 잡은 옥스퍼드대학교에서 수학했다. 프란체스코회 수도사들의 배움의 전당이었던 옥스퍼드대학교에서 윌리엄은 유명론(唯名論) 학파의 지도자가 되었다. 그는 오늘날 과학철학의 중요한 원칙 중 하나인 오컴의 면도날 이론을 통해 기억되고 있다. 이 원칙은 두 가지 이상의 이론이 같은 현상에 대해 설명하고 있을 때, 이 중 가장 간단한 것이 가장 좋은 것이라는 원칙이다. 다시 말하면, 가정을 적게 하는 해석이 가장 올바른 해석이라는 것이다. 컴퓨터 프로그래머들이 주로 듣는 충고인 KISS(keep it simple stupid, 프로그램을 간단하게 만들라)도 비슷한 맥락의 것이다. 그러나 아인슈타인의 충고를 지나쳐서는 안 된다. "모든 것을 될 수 있는 한 최대로 간단하게 만들되 그 이상으로 간단하게 만들지는 마라."

코페르니쿠스우주

★ 니콜라우스 코페르니쿠스(Nicolaus Copernicus, 1473~1543)

태양은 태양계의 중심에 있으며, 고정되어 있고 움직이지 않는다. 또한 행성은 태양 주변을 완벽한 원 모양의 궤도를 그리며 돌고 있는데, 그 순서는 수성, 금성, 지구와 달, 화성, 목성, 그리고 토성이다

코페르니쿠스우주는 지구가 우주의 중심이라는 교리에 도전했으며, 태양 중심의 우주라는 새로운 이론 체계로 나아갔다.

천문학자 코페르니쿠스는 단지 태양이 태양계의 중심이라고 주장한 것뿐만 아니라, 지구와 달 그리고 그 당시에 알려져 있던 행성들의 움직임에 관한 자세한 해석을 제시했다. 또 지구가 자신만의 회전축을 갖고 있어서 낮과 밤이 생긴다는 것을 설명했다. 코페르니쿠스는 진실을 발견했지만 이를 세상에 알리는 것에는 부담을 느꼈다. 자신의 이론이 가톨릭교회의 가르침에 정면으로 위배된다고 여겼기 때문이다. 특히 당시의 종교 지도자들은 그의 이론에 반발했다. 독일 루터란(Lutheran) 교파의 창시자인 마르틴 루터(Martin Luther, 1483~1546)는 그를 가리켜 "새로운 점성가 …… 천문학 분야의 모든 과학을 송두리째 뒤집으려고 시도하는 바보"라고 평하기도 했다. 결국 당시 가장 위대한 천문학자인 코페르니쿠스의 저서 『천체 회전에 관하여 De Revolutionibus Orbium Coelestium』는 그의 말년에 가서야 출판이 추진되었고, 그는 자신의 책이 나오는 것을 보지도 못한 채 생을 마쳐야 했다. 이 책은 뉴턴의 『프린키피아』, 다윈의 『종의 기원』과 더불어 천재 과학자의 저서 중 하나로 손꼽힌다.

참고하기 태양계에 대한 갈릴레오의 개념 ▶ 39

브라헤의 변화하는 우주 이론

튀코 브라헤(Tycho Brahe, 1546~1601) ★

우주는 변화하며, 혜성은 우주를 가로질러 움직인다. 지구는 우주의 중심에 위치하고 있으며 이 주위로 달과 태양이 돌고 있다. 행성은 태양의 주위를 돌고 있다

당시까지 행성은 주변에 단단히 고정되어 있는 구체라고 믿어졌다.

브라헤는 코페르니쿠스의 가르침과 견해를 달리하며 지구가 여전히 우주의 중심이라는 교리를 받아들였다. 천문학 분야에서 그의 공헌을 인정하는 것은 그가 이론가로서가 아니라 관측가로서 이뤄낸 일 때문이다. 그는 777개의 별의 위치를 정확하게 측정했는데, 망원경도 없이 해냈다는 사실을 감안한다면 이는 대단한 업적이 아닐 수 없다. 그의 관측 결과는 제자인 케플러에게 큰 도움이 되었다. 브라헤가 죽은 후, 케플러는 브라헤의 방대한 행성 관측 자료를 물려받아 이를 기초로 행성 운동의 세 가지 법칙을 확립했다. 물론 브라헤도 행성의 움직임을 관측했지만, 그것들의 궤도를 계산하지는 못했다.

브라헤는 초신성(supernova, 폭발하는 별)의 발견(1572)과 혜성의 관측(1577)을 통해 우주가 당시 철학자들의 믿음처럼 불변의 것은 아니라고 확신했다. 혜성이 우주를 가로지르기 위해서는 천구의 개념이 맞지 않았던 것이다. 그럼에도 그는 여전히 지구가 우주의 중심이라고 생각했다. 그는 태양이 우주의 중심이라고 믿은 이탈리아 철학자 조르다노 브루노(Giordano Bruno, 1548~1600)가 이단으로 몰려 화형당했던 시대에 살았다.

■참고하기 케플러의 행성 운동 법칙 ▶32

길버트의 자기 이론

★ 윌리엄 길버트(William Gilbert, 1544~1603)

나침반의 바늘은 거대한 막대자석의 일종인 지구의 자기극(magnetic pole)을 향한다
바늘은 여러 위도에서 특정한 각도로 기울어지며, 북극점에서는 수직으로 서게 된다

　　　　길버트의 자기 이론 발표가 있기까지 과학자들에게 자석은 신비의 돌이었다. 심지어 어떤 사람은 나침반의 바늘이 천국을 가리킨다고 믿기도 했다.

　1600년, 길버트는 『자석에 대하여 De Magnete』라는 책을 출판하고 자기와 정전기의 여러 현상과 실험에 관해 설명했다. 그는 지구가 하나의 자석임을 증명했고, 쇠막대기를 남북극 방향으로 두고 한쪽 끝을 두드리면 자성을 띤다는 사실을 보였다. 그는 또한 자석을 반으로 자르면 각각의 반이 하나의 온전한 자석이 된다는 사실도 발견했다. 또 적당한 물질로 문지르면 호박(琥珀) 같은 광물은 다른 물질을 끌어당기는 성질을 갖게 된다는 사실도 발견해 그러한 물질들에 전기체

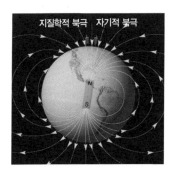

지질학적 북극　자기적 북극

(electrics, 호박을 뜻하는 그리스어 elektron에서 나온 말)라는 이름을 붙였다. 그는 또한 검전기(electroscope, 물체 등에 전기가 있는지를 검사하기 위해 사용하는 장치)의 선조 격인 전기 검사 장치를 발명해 여러 물질의 전기적 성질에 대한 실험도 진행했다. 『자석에 대하여』는 새로운 과학적 연구 방법에 대한 위대한 해설서였으며, 영어로 쓰인 최초의 위대한 과학책으로 평가받고 있다.

베들레헴의 별

요하네스 케플러(Johannes Kepler, 1571~1630) ★

베들레헴의 별은 저녁 하늘에 나타나는
목성과 토성의 합(合, 행성들이 가깝게 접근하는 것)이었다

케플러는 크리스마스별의 정확한 이유와 시간을 최초로 밝힌 과학자였다.

베들레헴의 별은 세 명의 동방박사를 예수의 탄생지까지 인도한 별로서 크리스마스의 상징 중 하나다. 2,000년 동안 천문학자, 신학자, 신자는 물론 무신론자들까지도 기독교의 기념일을 상징하는 이 별에 대해 곰곰이 생각해왔다.

1603년 무렵, 케플러는 목성과 토성의 합 현상에 관심을 가졌다. 그는 특유의 인내심과 정확함으로 예수가 탄생하던 때의 행성 위치를 계산하기 시작했다. 그의 계산에 따르면, 기원전 7년 무렵에는 목성과 토성의 합 현상이 5월 27일, 10월 5일 그리고 12월 1일 이렇게 세 번 있었다.

케플러의 이론에 대해 비판적인 사람들은 이 이론에 중대한 결점이 있다고 한다. 성경에서는 행성들이 아니라 특정한 '별'이라고 언급했다는 것이다. 오늘날에도 여러 이론들이 케플러의 이론과 의견을 달리하면서 베들레헴의 별은 금성이거나 초신성 혹은 혜성이었을 수도 있다고 주장한다. 진짜로 세 명의 동방박사를 인도하기 위해 나타난 새로운 별(성스러운 빛)이었을까? 아니면 단지 광신자들에게서 나온 신화에 불과할까?

참고하기 케플러의 행성 운동 법칙 ▶ 32

케플러의 행성 운동 법칙

★ 요하네스 케플러(Johannes Kepler, 1571~1630)

제1법칙 _ 행성들은 태양을 하나의 초점으로 하는 타원 궤도를 그리며 움직인다
제2법칙 _ 행성이 일정 시간 동안 이동할 때, 행성과 태양을 연결한 선이 만들어내는 면적
은 모두 동일하다
제3법칙 _ 각 행성의 공전 주기의 제곱 값은 그 행성과 태양 사이의 평균 거리의 세제곱에
비례한다

오늘날의 행성 궤도 관측 결과에 따르면 위의 법칙이 비록 모두 맞는 것은 아니지만, 케플러의 발견은 과학계의 역사적 사건임이 틀림없다.

제1법칙과 제2법칙은 1609년에 발표되었으며, 제3법칙은 1619년에 발표되었다. 이 법칙의 발견은 프톨레마이오스의 원 궤도 이론과 주전원 이론에 종말을 고했다. 케플러는 "지구가 아닌 태양이 우주의 중심이며 우주의 진정한 정신이다"라고 주장

이동 시간1=이동 시간2, 면적1=면적2

한 코페르니쿠스 이론의 열렬한 추종자였는데, 이로 인해 종교 지도자들의 반감을 샀고 사람들에게 "미친 점술가"라는 말을 들었다. 케플러는 다재다능한 천재였다. 행성 운동 법칙 외에도 항성의 위치에 대한 목록을 정리했고, 천체망원경을 개발했으며, 미분법과 로그 체계, 기하학적인 광학 체계를 세웠다. 또한 인간의 눈 해부 방법을 연구했으며, 바다의 조석 현상을 설명했고, 라틴어로 된 최초의 SF 소설 『소망 Somnium』을 쓰기도 했다. 『소망』은 우주의 바다를 항해하는 배를 만드는 일을 다루고 있다.

베이컨의 과학적 방법

프랜시스 베이컨(Francis Bacon, 1561~1626) ★

과학 법칙은 반드시 관찰과 실험에 그 기초를 두어야 한다

베이컨은 아리스토텔레스의 연역법, 즉 사색을 통해 진실에 다가가는 방법론을 거부하고, 귀납적 방법을 통한 진실의 모색을 주장했다. 베이컨은 과학의 가장 중요한 도구, 즉 '과학적 방법'을 발견했지만, 중요한 과학적 발견을 하지는 않았다. 그는 친구에게 "나는 다른 사람들을 교회로 부르기 위해 제일 먼저 일어나 종을 치는 사람처럼, 나보다 더 나은 이들을 눈뜨게 하는 것으로 만족한다"라고 했다. 베이컨의 종은 여전히 울리고 있다.

1620년, 베이컨은 이후의 모든 과학자들에게 영향을 미친 『신기관 Novum Organum』이라는 책에서 고대 그리스 철학자들의 연구 방법과는 전혀 다른 새로운 연구 방법을 제시했다. 그의 방법론의 핵심은 다음과 같다.

"관찰과 실험으로 여러 가지 사실들을 모으고, 그 사실들에 부합하거나 상반되는 다양한 사례들을 정리하고 분석해서, 이 결과로부터 가설을 세운 다음 이 가설을 좀더 보편적인 이론으로 발전시킬 수 있는 사실들을 찾는다."

이 방법론의 가장 중요한 측면은 가설에 대한 아이디어를 실험 결과에서 찾고, 그것들을 추가적인 연구를 통해 발전시킨다는 것이다. 베이컨은 『신기관』에서 이렇게 말했다. "진실한 자연철학은 원리와 실제의 두 가지 측면을 갖고 있어서, 실험에서 원리로 올라가기도 하고 원리에서 새로운 실험으로 내려가기도 한다."

과학 분야의
연구 방법

"과학의 원리나 법칙은 자연의 표면에 드
러나 있는 게 아니다. 적극적이고도 세심하
게 설계된 연구 기술을 통해 숨어 있는 과학
원리와 법칙을 캐내야 한다."

이 말은 미국의 철학자이자 교육학자인
존 듀이(John Dewey, 1859~1952)가 자신의
책 『철학의 재건 Reconstruction in
Philosophy』(1920)에서 밝힌 것이다. 과학
이 독창적인 이유는 과학적 사실 때문이 아
니라 바로 '연구 기술' 때문이다. 보통 과학
분야의 연구 방법은 다음의 순서를 따른다.

관찰과 자료 수집 → 관찰 내용을 설명하기 위한 가설 수립 → 가설을 시험하기
위한 실험 → 이론 제정 → 실험을 통한 이론의 증명 → 이론을 과학적 법칙으로 만
들기 위한 수학적 혹은 경험적인 증명 → 과학 법칙을 이용한 자연계 예측

과학 분야의 연구는 관찰과 가설이 탄탄하게 이루어지고 세워질 때 좋은 결과를
낳게 된다. 위의 순서에서도 알 수 있듯이, 과학 연구란 관찰과 가설 간의 상호 작
용의 연속이다. 관찰은 새로운 가설을 이끌어내고 이를 증명하기 위해 새로운 실험
을 고안하며, 결국에는 기존의 이론을 바꾸게 만드는 것이다.

가설(hypothesis)이란 관측된 사실을 임시로 설명해놓은 것이다. 비록 최종적인
결론의 단계가 아니더라도, 가설은 최대한 합리적인 논리에 따라 수립돼야 한다. 왜
냐면 과학 분야의 이론이나 법칙이 모두 가설에서 출발하기 때문이다. 가설은 주어
진 조건하에서 이루어지는 관찰, 즉 실험에 의해 증명의 단계로 나아가게 되는데,
만일 관찰 내용이나 실험 결과와 맞지 않는다면 가설을 바꾸거나 철회해야 한다.

가설이 실험으로 검증되면 '이론(theory)'이 되고, 이 이론은 현상을 예측하는 데

사용된다. 물론 이론에는 예외가 있을 수 있다. 그리고 이론이 수학
적으로도 검증이 되면 그때는 '과학 법칙(scientific law)'이라 부른
다. 과학 법칙은 자연의 작용 원리를 설명하는 간결하면서도 보편적
인 진술이다. 따라서 관찰자가 바뀐다 해도 동일한 결과를 보여야
한다. 만약 보편적인 면이 부족한 진술이라면 법칙 대신에 '과학 원
리(scientific principle)'라고 부른다. 아르키메데스의 원리 같은 경우다.

과학의 원리나 법칙들은 이렇게 실험과 검증의 과정을 거친다. 그런데 현실에서
는 이런 과정을 거치지 않은 사이비과학(pseudoscience)도 존재한다. 점성술이나
텔레파시 등은 과학의 외피를 쓰고 있긴 하지만, 과학 분야의 연구 방법과는 전혀
연관성이 없다.

다음은 과학의 용어들을 설명할 때 필요한 주요 개념들이다.

모델(model) – 특정 현상의 수학적 혹은 시각적인 영상. 모델은 수학적인 모델이
나 물리 모델로 이루어진다. 수학 모델은 실제 자연 현상에서 어떤 일이 일어날지
를 반영하는 공식과 단계별 규칙으로 구성되어 있으며, 물리 모델은 실제 물체를
이용해 설계된다. 완벽한 모델이란 있을 수 없으며, 과학자들은 끊임없이 새로운
발견을 기초로 모델을 재설정한다.

규칙(rule) – 연구 방법이나 절차에 대한 일련의 지침들.

공리(postulate 혹은 axiom) – 일반적으로 받아들여지는 원리나 명제.

정리(theorem) – 어떤 특정한 조건하에서 참인 수학적 진술.

시스템(system) – 과학자들이 연구를 하거나 실험을 하기 위해 선택하는 물질 세
계의 한 부분. 예를 들면, 천문학자들은 별과 태양계(solar system)를 연구하며, 생
물학자들은 생물을, 지질학자들은 암석과 광물에 대해 연구한다.

역설(paradox) – 터무니없어 보이거나 자기모순에 빠진 것처럼 보이지만, 참일
수도 있는 명제.

공식(equation) – 공식은 둘 혹은 그 이상의 양 사이의 관계를 보여준다.

스넬의 법칙

★ 빌레브로르트 스넬(Willebrord Snell, 1591~1626)

빛이 굴절할 때, 입사각(i)과 굴절각(r)의 사인 값의 비는 항상 일정하며,
매질의 굴절률과 같다

위의 내용을 수학적으로 표시하면 $n_1 \sin i = n_2 \sin r$이며, 이때
n_1과 n_2는 두 매질의 상대굴절률이다. 굴절률은 빛이 어떤 물체를 통과
할 때 휘어지는 정도에 대한 값이다. 이 수가 높을수록 빛은 더 많이 휘
게 된다.

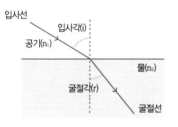

입사선
입사각(i)
공기(n_1)
물(n_2)
굴절각(r)
굴절선

굴절이란 빛이 두 물질 사이를 가로질러 통
과할 때 그 방향이 휘어지는 성질을 말한다. 굴
절이 일어나는 이유는 빛이 각각의 물질을 지
날 때 속도가 달라지기 때문이다. 빛이 공기에
서 물로 들어가는 경우처럼 속도가 느려질 때
는 공기와 물의 경계면에 직각인 방향을 향해
좀더 휘게 된다. 반대로 빛이 물에서 공기 쪽으로 통과할 때는 경계면에 평행한 쪽
으로 휘게 된다. 물속의 막대기가 휘어져 보이는 것과 같은 광학적 착시가 일어나
는 것도 굴절 때문이다.

굴절을 과학적으로 연구한 첫 번째 사람이 네덜란드의 수학자 스넬〔라틴어명
'스넬리우스(Snellius)'〕이다. 그와 동시대에 살았던 르네 데카르트(René Descartes,
1596~1650)도 1637년에 출간한 『방법서설 Discours de la Méthode』에서 독자적으
로 굴절에 대한 법칙을 설명했다.

스넬이 태어난 해는 1591년이라는 주장과 1580년이라는 주장이 엇갈린다.

하비와 혈액 순환

윌리엄 하비(William Harvey, 1578~1657) ★

심장은 근육으로 만들어진 펌프다. 혈액은 심장의 박동으로 동맥을 통해 몸 전체를 순환하고, 다시 정맥을 통해 심장으로 돌아오게 된다

오늘날에는 위의 사실을 당연하게 여기지만, 하비가 살던 시대에는 혈액 순환에 대한 지식이 없었다. 당시 사람들은 혈액이 간에서 만들어져서 심장의 격막(septum)을 통해 몸 전체에 흡수된다고 믿었다.

하비가 자신의 저서 『동물의 심장과 혈액의 운동에 관한 해부학적 연구 Exercitatio Anatomica de Motu Cordis et Sanguinis in Animalibus』에서 이 이론을 발표했을 때, 많은 의사들은 이 견해에 부정적이었다. 그의 아이디어가 환자를 치료하는 데 소용이 없다고 생각해서였다. 당시 세간에 떠도는 가십거리를 많이 알고 있던 전기 작가 존 오브리(John Aubrey, 1626~1697)는 이렇게 말했다. "나는 하비가 자신의 책이 나온 후, 수술할 때 사람을 죽인 일이 있다고 말하는 것을 들었다. 일반적으로 그는 미친 사람 취급을 받았으며, 모든 의사들이 그에게 반대했다. 나는 런던의 수많은 의사들이 그의 발견에 단 한 푼어치의 관심도 기울이지 않는다는 사실을 안다." 의사들이 하비의 발표 이후 반세기 동안 동물에 대한 열성적인 연구를 진행한 후에야 비로소 하비의 이론을 받아들였다. 하비는 찰스 1세(Charles I, 재위 1625~1649)가 청교도 혁명으로 참수될 때까지 그의 궁정의사를 지내기도 했다.

갈릴레오의 낙하 운동 법칙

★ 갈릴레오 갈릴레이(Galileo Galilei, 1564~1642)

공기의 저항을 고려하지 않으면 모든 물체는 동일하게 낙하한다. 즉, 동시에 떨어지기 시작한 물체는 같이 떨어지게 된다. 낙하 운동은 등가속 운동으로, 모든 물체는 일정한 비에 따라 속도가 증가한다

위의 법칙에서 가속도의 법칙, $V=at$와 $S=1/2at^2$이 나왔다. 이 식에서 V는 속도, a는 가속도, s는 시간 t 동안 이동한 거리다.

물체의 운동에 관해 생각한 최초의 학자는 아리스토텔레스였다. 그는 무거운 물체일수록 더 빨리 떨어진다고 했고, 1,800년 동안 모든 사람이 그렇게 믿었다. 이러한 생각을 반박한 이가 바로 갈릴레오다. 갈릴레오는 경사면 위에서 세심하게 실험해가며 낙하하는 물체의 움직임에 대해 연구했고, 이로부터 물체의 낙하 운동 법칙을 밝혀냈다. 이 법칙은 운동과 가속, 중력 등에 관한 연구를 정리한 그의 저서 『프톨레마이오스와 코페르니쿠스, 두 개의 우주 체계에 관한 대화 Dialogo sopra i due massimi sistemi del mondo, tolemaico et copernicaon』를 통해 발표되었다. 갈릴레오가 이 법칙을 증명하기 위해 피사의 사탑 꼭대기에서 무거운 물체와 가벼운 물체를 떨어뜨렸다는 일화가 있다. 이 일화는 아마도 꾸며낸 이야기겠지만, 1971년에 아폴로 15호의 우주비행사들이 달에서 갈릴레오의 실험을 재수행한 것은 분명하고도 유명한 사실이다. 우주비행사 데이비드 스콧(David Scott, 1932~)이 깃털과 망치를 같은 높이에서 떨어뜨렸더니 두 물체가 동시에 땅에 닿았다. 갈릴레오가 옳았음이 증명된 것이었다.

참고하기 태양계에 대한 갈릴레오의 개념 ▶ 39

태양계에 대한 갈릴레오의 개념

갈릴레오 갈릴레이(Galileo Galilei, 1564~1642) ★

> 지구와 행성들은 자전축을 중심으로 자전만 하는 것이 아니라 태양 주위를 원 궤도를 그리며 공전한다. 태양 표면에 있는 흑점이 이동하는 것은 태양 역시 자전을 하기 때문이다

갈릴레오는 자신이 1609년에 발명한 굴절망원경으로 천체를 관측해 코페르니쿠스의 태양 중심 체계라는 개념을 확증·발전시켰다.

갈릴레오의 망원경

갈릴레오가 코페르니쿠스의 우주관을 한층 발전시킨 자신의 역작 『두 개의 우주 체계에 관한 대화』를 출간하자 가톨릭교회는 그의 이론이 교회의 가르침에 위배된다고 여겼다. 결국 1633년, 그는 이단 혐의로 종교재판에 회부되어 자신의 이론을 철회하도록 강요받았다. 이 재판과 관련한 일화는 유명하다. 갈릴레오는 자신의 주장을 철회하고 종교재판소를 나오면서도 코페르니쿠스의 이론에 대해 확신하고 있었기 때문에 "그래도 지구는 돈다(E pur si muove)"라고 조용히 읊조렸다고 한다. 갈릴레오가 죽은 후, 과학계는 점차 태양 중심의 태양계라는 이론 쪽으로 방향이 바뀌었지만, 교황청에서는 그가 죽은 후 350년이 지난 1992년에야 공식적으로 갈릴레오에 대한 평결을 번복했다.

■참고하기■ 갈릴레오의 낙하 운동 법칙 ▶ 38

페르마의 마지막 정리

★ 피에르 드 페르마(Pierre de Fermat, 1601~1665)
앤드루 와일스(Andrew Wiles, 1953~)

$x^n + y^n = z^n$에서 n이 2보다 큰 수일 때, 이 방정식을 만족시키는 자연수는 없다

　　　　　이 문제는 직각삼각형에서 빗변의 제곱 값은 다른 두 변의 제곱 값의 합과 같다는 피타고라스의 정리($x^2 + y^2 = z^2$)에 그 바탕을 두고 있다. 만일, x와 y가 자연수면 z도 자연수가 될 수 있다. $5^2 + 12^2 = 13^2$가 그 예다. 그러나 같은 형태의 방정식에 대해 2보다 큰 수의 거듭제곱, 즉 $x^3 + y^3 = z^3$과 같은 경우일 때에, z는 절대로 자연수일 수 없다.

　1637년 무렵, 유명한 수학자 페르마는 그리스어 책의 한 귀퉁이에 하나의 방정식을 썼다. 그러고는 "나는 이 정리에 대한 놀라운 증명 방법을 발견했다. 하지만 여백이 너무 좁아서 여기에 적지는 못한다"라고 덧붙였다. 오늘날 '페르마의 마지막 정리'라고 불리는 이 문제를 풀기 위해 350여 년 동안 수많은 수학자들이 노력했다.

　1993년, 프린스턴대학교의 수학과 교수인 와일스는 마침내 이 정리에 대한 증명에 성공했다. 영국에서 태어난 와일스는 그의 나이 10세 때, 지방 도서관에서 이 내용을 접한 이후 평생에 걸쳐 이 정리를 증명하기를 꿈꿨다. 그가 이 정리를 증명하는 데는 꼬박 7년이 걸렸다. 1995년 5월《수학연보 Annals of Mathematics》에 실린 그의 증명은 130쪽 분량이었다.

파스칼의 원리

블레즈 파스칼(Blaise Pascal, 1623~1662) ★

밀폐된 유체의 한 방향에서 압력을 가하면 그 힘은 모든 방향으로 똑같이 전달된다

이 원리(혹은 법칙)는 자동차의 유압식 브레이크나 유압식 의자와 같이 실생활에 이용되고 있다.

아래의 그림은 피스톤의 양쪽 중 한쪽의 면적(힘을 받는 쪽, 그림에서 B)을 늘렸을 때, 다른 한쪽(힘을 주는 쪽, 그림에서 A)에 작은 힘만 가해도 큰 힘을 얻을 수 있다는 것을 보여준다. 파스칼의 원리에 따르면, 물과 같은 유체가 밀폐된 용기 안에 담겨 있을 경우, 한쪽 피스톤의 면적을 다른 쪽 피스톤 면적의 X배만큼 넓히면, 넓어진 쪽의 피스톤이 받는 힘은 원래 면적의 피스톤에 가하는 압력의 X배다. 예를 들어, 그림에서 B 쪽의 면적이 A 쪽 면적의 열 배라면 B 쪽의 피스톤이 받는 힘은 A 쪽에서 가하는 압력의 열 배가 된다는 것이다.

수학자이자 철학가인 파스칼은 확률 이론의 창시자 중 한 명이기도 하다. 오늘날, 우리는 압력의 단위인 파스칼(pascal, 기호는 Pa)을 사용함으로써 그의 업적을 찬양한다.

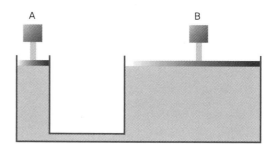

게리케의 반구 실험

★ **오토 폰 게리케**(Otto von Guericke, 1602~1686)

공기가 압력을 가할 수 있다는 사실을 실험으로 증명하다

공기가 압력을 가할 수 있다는 이야기가 단순하게 들리겠지만, 17세기 당시에는 주목할 만한 발견이었다.

그리스의 철학자 아리스토텔레스는 "자연에는 진공이 있을 수 없다"라고 말했다. 이 믿음은 거의 2,000년 동안 지속되다가 17세기에 과학자들이 자연에 존재하는 진공 상태에 관해 연구하면서 깨지기 시작했다. 이러한 과학자들 중 한 사람이 1650년 진공펌프를 발명해 폐쇄된 용기에서 기계적으로 공기를 제거할 수 있도록 한 아마추어 과학자 게리케다. 게리케는 마그데부르크(Magdeburg)의 시장으로 역임하던 1654년에 황제 페르디난트 3세(Ferdinand III, 재위 1637~1657)와 그의 신하들 앞에서 특별한 실험을 수행했다. 그는 지름이 약 45센티미터인 황동 반구 두 개를 단단히 맞물리고 진공펌프로 내부의 공기를 빼냈다. 그러고는 반구 각각에 말을 여덟 마리씩 연결해서 이 반구를 떼어내게끔 했다. 그러나 놀랍게도 열여섯 마리의 말들은 그 반구를 떼어낼 수 없었다. 그런데 더욱 놀라운 일이 일어났다. 게리케가 반구의 밸브를 열어 공기를 주입시키자 두 개의 반구가 너무나 쉽게 분리되는 것이었다.

게리케는 진공펌프를 이용해 공기 압력의 세기를 입증했을 뿐 아니라, 진공 상태에서 빛은 통과해도 소리는 통과할 수 없다는 사실과 초에 불을 붙일 수 없다는 사실도 입증했다.

확률 이론

블레즈 파스칼(Blaise Pascal, 1623~1662) ★

어떤 사건이 일어날 가능성에 대한 연구

기회는 예상하지 않았던 때에 찾아오는 법이다. 확률은 어떤 사건이 일어날 수 있는 기회를 의미하는 수학적 개념이다.

17세기의 상류 귀족이자 도박사였던 슈발리에 드 메레(Chevalier de Méré)는 일정한 금액의 돈을 걸고 주사위 하나를 네 번 던져서 6이 나오면 이기는 게임을 좋아했다. 그러나 그가 주사위 두 개를 열두 번 굴려서 6이 나오면 이기는 게임에 돈을 걸기 시작하자, 그의 운은 다하고 말았다. 그는 수학자인 친구 파스칼에게 왜 그가 새 게임에서 그토록 운이 나빴는지를 물었다. 파스칼은 동료 수학자 페르마와 이 문제에 대해 편지로 상의했고, 이들의 협력으로 확률 이론이 시작되었다. 확률 이론은 복권에 당첨될 가능성부터 번개에 맞을 가능성까지 모든 사건을 이해하는 데 도움을 준다.

확률은 간단히 그 사건이 일어날 수 있는 경우의 수를 모든 경우의 수로 나누어 구할 수 있다. 예를 들면, 잘 섞인 트럼프 카드 더미에서 에이스 카드를 꺼낼 확률은 (52장의 카드 중에 4장의 에이스 카드가 있으므로) 4/52 혹은 0.077이다. 확률을 나타낼 때 흔히 쓰는 표현은 오른쪽 표와 같다.

표현	백분율	확률
절대적이다	100%	1
가능성이 아주 높다	90%	0.9
가능성이 꽤 높다	70%	0.7
반반이다	50%	0.5
그리 확실치 않다	30%	0.3
거의 불가능하다	10%	0.1
완전히 불가능하다	0%	0

훅의 탄성의 법칙

★ 로버트 훅(Robert Hooke, 1635~1703)

탄성의 한도 내에서 탄성체의 장력은 작용하는 힘에 비례한다

이 법칙은 고무공에서부터 용수철에 이르기까지 모든 종류의 고체에 적용된다. 이 법칙은 고체의 탄성 한도를 정의하는 데 사용된다.

탄성(elasticity)은 물체에 힘을 가했을 때, 그 물체의 부피와 모양이 바뀌었다가, 그 힘을 제거하면 본래의 모양으로 되돌아가는 성질을 뜻한다. 훅의 탄성의 법칙은 탄성을 지닌 물체(탄성체)의 변형은 작용하는 힘에 비례한다는 법칙으로, 이것을 수학적으로 표현하면, $F=kx$이다. 여기서 F는 작용하는 힘, x는 늘어난 길이 그리고 k는 상수다. 이 식에서 상수는 훗날 1807년에 그 물리적 의미를 밝힌 영의 이름을 따서 '영의 상수(영률)'라고 불린다. 때때로, 탄성의 법칙은 $-F=kx$로 나타나기도 하는데, 이때의 $-F$는 작용하는 힘이 아니라 원래대로 돌아가려는 힘(작용하는 힘과 크기는 같고 방향만 반대인 힘)이다. 물체가 탄성을 유지할 수 있는 힘의 한계를 탄성 한도(elastic limit)라고 하는데, 이 한도 내에서 힘이 작용할 때는 물체가 원래대로 돌아갈 수 있지만, 이 한도를 넘어서 힘이 작용할 경우에는 물체는 원래의 상태를 회복하지 못하고 영구히 변형된다. 이렇게 탄성 한도를 넘는 힘이 작용해 물체가 본래의 상태로 돌아가지 못하는 변형을 소성 변형(plastic deformation)이라고 한다.

뉴턴과 동시대에 살았던 훅은 1662년에 런던 왕립학회를 설립한 창립회원 중 한 명이었으며, 왕립학회에서 실험관리자와 회장으로 일했다. 당시 뉴턴은 훅과의 논쟁을 싫어해 그가 회장으로 있는 동안에는 왕립학회의 회원이 되기를 거부했다.

훅은 당대의 사람들을 믿지 못했기 때문에, 자신의 1676년 책에서 탄성을 라틴어 언어유희인 'ceiiinosssttuu'로 표현했다. 2년 후인 1678년, 실험을 통해 자신의 법칙을 확신하게 된 그는 그때서야 그 단어가 'Ut tensio sic vis(힘이 세지면 긴장도 세진다)'를 의미한다고 밝히면서 다음과 같이 말했다. "용수철의 힘은 장력에 비례하며…… 이 이론은 매우 간단해서 증명하기 아주 쉽다." 이 이론을 증명하는 데 필요한 것은 단지 용수철과 자 그리고 추라는 점에서 그의 말은 옳았다.

훅은 또한 직접 만든 현미경으로 코르크를 관찰해 세포(cell)라는 이름을 처음으로 붙였고, 화석을 연구했으며, 빛의 회절 현상을 발견해 빛의 파동 이론을 제안하는 등 여러 분야에서 업적을 남겼다.

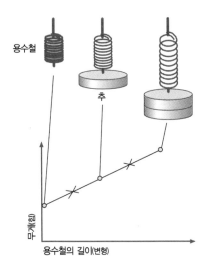

훅의 탄성의 법칙 | 무게가 더 많이 나갈수록, 용수철도 더 길어진다.

보일의 법칙

★ 로버트 보일(Robert Boyle, 1627~1691)

질량이 일정한 기체의 부피는 온도가 일정할 때 압력에 반비례한다

어떤 기체의 압력을 두 배로 늘리면 그 부피는 반으로 줄어든다. 이를 수학적 표현으로 나타내면, $pV=$상수 또는 $p_1V_1=p_2V_2$이다. 이때 1과 2는 각 실험 과정 순간의 기체 압력과 부피를 의미한다.

아일랜드의 리스모어(Lismore) 성에서 태어난 보일은 코크 지방 얼(Earl) 가의 일곱째 아들이었으며, 또한 신동이었다. 그는 14세 때 갈릴레오의 업적을 공부하고자 이탈리아를 방문했고, 거기서 자신의 평생을 과학에 바치기로 마음먹었다. 1661년에는 자신의 가장 유명한 저서인 『회의적 화학자 Sceptical Chymist』에서 아리스토텔레스의 4원소론(흙, 물, 불, 공기)을 부정하고, 원소(입자)가 물질의 본질이며 이는 실험을 통해서만 밝혀질 수 있다고 주장했다. 1660년 무렵부터는 오늘날 초등학교 학생들이 쓰는 것과 비슷한, 효율이 좋은 진공펌프를 발명해 보일의 법칙을 세우는 데 사용했다. 또 자신의 펌프를 이용해 호흡과 연소에 관한 실험을 진행해서 공기가 물질을 태우는 데도 필요하지만, 모든 생물의 생존에도 반드시 필요하다는 것을 보였다.

영국의 유명한 정치가이자 일기 작가였던 새뮤얼 피프스(Samuel Pepys, 1633~1703)로부터 "근대 과학의 아버지"라고 소개된 바 있는 보일은 화학을 과학(특히 실험과학)의 한 분야로 이끌었다. 그는 '실험을 하고 관찰을 한다' 라는 것과 '어떤 이론과 관련된 현상이 증명되지 않으면 주장하지 않는다' 라는 과학의 원칙을 신봉했다.

레디의 자연발생설 오류 증명

프란체스코 레디(Francesco Redi, 1626~1697)　★

> 구더기가 부패한 고기에서 생겨나고, 애벌레가 나뭇잎에서 생겨나고, 개구리가 점액질 성분에서 생겨나듯이, 예부터 생물은 무생물에서 우연히 발생한다고 믿어졌다

레디는 유명한 자연발생설의 오류를 증명했다.

레디는 여덟 개의 플라스크를 준비해서 그 각각에 죽은 뱀, 물고기, 송아지 고기 등 여러 종류의 고기를 넣었다. 그는 플라스크 네 개는 뚜껑을 덮고, 나머지는 열어두었다. 며칠 후, 그는 열어둔 플라스크에서만 구더기가 자란 것을 발견했다. 뚜껑을 덮어둔 플라스크에서는 악취만 날 뿐 구더기는 생기지 않았다. 그는 동일한 실험을 준비한 후, 이번에는 플라스크 네 개를 뚜껑이 아닌 얇은 천으로 덮었다. 공기는 안으로 들어갈 수 있지만, 파리는 들어갈 수 없게 한 것이다. 이번에도 구더기는 열어둔 플라스크에서만 나타났다. 이 실험들을 통해 레디는 구더기가 자연적으로 발생하는 것이 아니라 파리가 낳은 알에서 생겨난다는 결론을 내렸다.

하지만 구시대적 믿음에 빠져 있던 사람들은 레디의 실험에도 동요하지 않았다. 자연발생설은 1865년에 파스퇴르가 실험을 통해 미생물은 어느 곳에나 존재한다는 것을 보였을 때 비로소 사라지게 되었다. 파스퇴르는 모든 생명은 다른 생명에서 나온다는 생물발생설을 확립했다.

의사인 동시에 시인이었던 레디는 새로운 과학적 방법을 굳게 믿었다. 간단하지만 주의 깊게 계획된 그의 실험은 실험생물학의 기초가 되었다.

독일

라이프니츠의 미적분

★ 고트프리트 라이프니츠(Gottfried Leibniz, 1646~1716)

'탄젠트와 같은, 최댓값과 최솟값에 대한 새로운 방법…… 그리고 기이한 계산 방법',
이것이 라이프니츠가 미적분을 소개한 글귀다

오늘날 미적분은 함수의 기능을 다루는 수학의 중요 분야다.

누가 가장 먼저 미적분을 고안했는가를 두고 뉴턴과 라이프니츠 사이에 오갔던 논쟁은 과학의 역사에 관심이 있는 독자에겐 널리 알려져 있다. 뉴턴은 미적분(그는 유율법이라고 불렀다)을 1665년에 고안했으나, 1687년 이전에는 발표하지 않았다. 이 논쟁은 수년간 계속되었지만, 오늘날에는 뉴턴과 라이프니츠 각자가 독자적으로 고안한 것으로 여겨진다. 그러나 현재 우리가 사용하는 미적분 용어 및 정의는 라이프니츠의 것이다. 예를 들어, 라이프니츠는 합계를 나타낼 때 ∫(늘인 s) 기호를 제안했다. 또한 여러 다른 수학적 기호들도 제안했는데, 소수점, 등호, 콜론(분할이나 비율을 표현) 그리고 곱셈을 의미하는 점 등이 그것이다.

수학자이자 철학자였던 라이프니츠는 모든 종류의 진리를 표현할 수 있는 보편적인 기호 언어를 만들고자 했다. "그렇게 되면 두 명의 철학자는 두 명의 회계원 사이만큼이나 서로 반박할 필요가 없을 것이다. 그저 손에 연필만 들고 '계산해보자'라고 말하는 것만으로 충분할 것이다"라고 그는 말했다. 라이프니츠의 소망은 현대 수학의 논리를 탄생시켰다.

레이의 종 개념

존 레이(John Ray, 1627~1705) ★

종(種)이란 서로 교배해서 2세를 낳을 수 있는 생물의 개체군을 의미한다

레이는 처음으로 종(species, 라틴어로 종류 혹은 형태를 의미)이라는 단어를 현대 과학에서의 개념처럼 사용했다.

레이의 종에 대한 개념은 그가 1686년에서 1704년에 걸쳐 세 권으로 출간한 『식물의 역사 Historia Plantarum Generalis』에서 서술한 18,600종의 식물 연구에 그 기반을 두고 있다. 이 책에서 그는 다음과 같이 설명했다. "오랫동안 주의 깊게 연구를 한 끝에, 종을 분류하는 가장 확실한 기준은 씨를 퍼뜨려서 그 개체군을 영속시키는 종류대로 구분하는 것임을 알게 되었다. 하나의 개체 혹은 종 안에서 그 어떤 변이가 일어나더라도, 그 변이들이 같은 종이나 식물의 씨앗에서 발생한 것이라면 그것은 우연적 돌연변이일 뿐 종이 달라지는 것은 아니다." 그는 또한 씨앗에서 처음으로 나오는 잎의 수를 기준으로 꽃피는 식물(속씨식물)을 외떡잎식물과 쌍떡잎식물로 분류했으며, 꽃잎과 꽃가루라는 용어도 사용했다. 또 자신의 다른 저서에서 그는 어류, 조류, 파충류와 포유류 및 화석들에 대해 썼다.

오늘날 종이라는 단어는 현존하는 생물과 멸종된 생물 모두에 사용된다. 전 지구를 통틀어 약 150만여 종이 분류·명명되었고, 지구 상 모든 종의 총수는 약 1,000만에서 3,000만여 종이 될 것으로 예상된다.

참고하기 린네의 분류 체계 ▶ 56

뉴턴의 만유인력의 법칙

★ 아이작 뉴턴(Isaac Newton, 1642~1727)

두 물체가 서로 끌어당기는 힘은 각 질량의 곱에 비례하며,
두 물체 사이 거리의 제곱에 반비례한다

인력(중력)이라고 알려진 이 힘은 의자를 마룻바닥에 붙어 있게 하고, 행성을 각각의 궤도에 따라 돌게 한다.

이 법칙은 수학적으로 $F=GmM/r^2$으로 표현되며, F는 작용하는 힘, m과 M은 두 물체의 질량, r은 두 물체 사이의 거리 그리고 G는 중력상수다.

어느 날, 자기 집 정원에 앉아 있던 뉴턴은 사과가 나무에서 떨어지는 것을 보고, '왜 사과가 땅에 수직으로 떨어졌을까' 하는 의문을 갖게 되었다. 그는 결국 사과가 땅에 떨어지는 것은 사과를 잡아당기는 힘이 작용했기 때문이라고 결론을 내렸다. 이 우연한 관찰을 통해 그는 만유인력의 법칙이라는 위대한 업적을 이루게 되었다(중력은 만유인력과 같은 힘으로, 특히 지구가 다른 물체를 잡아당기는 힘을 의미한다).

위의 이야기는 아마도 과학과 관련해 가장 유명한 일화일 것이다. 비록 이 일화에서처럼 사과가 실제 뉴턴의 머리에 떨어졌는지는 알 수 없지만, 이로부터 우주의 많은 신비를 풀 수 있는 과학적인 아이디어가 떠오른 것은 사실이다. 뉴턴은 1687년에 출간한 필생의 역작 『자연철학의 수학적 원리 Philosophiae Naturalis Principia Mathematica』(흔히 줄여서 『프린키피

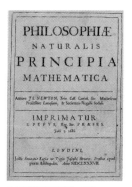

뉴턴의 『프린키피아』 표지

아』라고 부름)에서 만유인력의 법칙을 공포했다. 라틴어로 쓰인 『프린키피아』의 출판은 과학사에서 가장 중요한 사건 중 하나로 꼽힌다.

『프린키피아』의 제1권은 운동의 법칙과 역학의 일반적인 원리를 다루고 있다. 제2권은 주로 유체의 운동에 관해 다루고 있으며, 제3권은 만유인력에 관해 설명하고 있다. 뉴턴은 이 한 가지 힘으로 천체가 태양 주위를 공전하는 것과 달이 지구 주위를 공전하는 것, 물체가 땅에 떨어지는 것, 물체가 지구 밖으로 튕겨 나가지 않는 것 그리고 조석 현상을 설명했다.

왜 두 물체는 서로 끌어당기는가? 위대한 뉴턴도 이에 관해서는 아무런 설명을 할 수 없었다. 그는 "나는 이에 관해 아무런 이론도 세우지 않는다"라고 말했다. 그러나 뉴턴은 만유인력의 법칙이 보편적 진리이며, 우주에 있는 모든 물체에 적용되는 것이라고 설명했다. 만유인력 법칙의 보편성은 1916년에 아인슈타인이 유명한 일반 상대성 이론을 발표하면서 도전받게 된다.

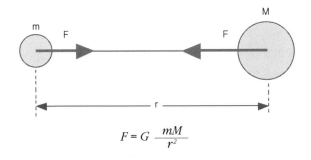

$$F = G \ \frac{mM}{r^2}$$

뉴턴의 운동 법칙

★ 아이작 뉴턴(Isaac Newton, 1642~1727)

제1법칙 _ 외부에서 다른 힘이 작용하기 전까지 가만히 있는 물체는
　　　　 계속해서 가만히 있으며, 움직이는 물체는 같은 속도로 계속 움직인다
제2법칙 _ 어떤 물체에 작용하는 힘은 그 물체의 질량에 가속도를 곱한 것과 같다
제3법칙 _ 모든 작용에는 그와 같은 반작용이 있다

　　　　제1법칙은 물체가 그 속도의 변화에 저항하는 속성인 관성이
라는 개념을 설명해준다. 어떤 한 물체의 관성은 그 물체의 질량과 관련
되어 있다. 제2법칙은 질량과 가속도의 관계를 설명해주며, 제3법칙은
힘은 항상 쌍으로 작용함을 보여준다.

　뉴턴의 운동 법칙 역시 『프린키피아』에 실려 있다. 이 법칙들은 매우 기본적인
것으로 과학을 공부하는 학생이면 누구나 배워야 하는 것이다. 뉴턴이 『프린키피
아』를 저술할 당시, 그는 케임브리지대학교의 교수로 수학 강의를 맡고 있었다.
그러나 『프린키피아』 저술에 심취해 교수로서의 의무를 자주 소홀히 했다. 제임
스 글릭(James Gleick)은 『아이작 뉴턴 Isaac Newton』(2003)이라는 책에서 "그가
강의를 할 때, 학생들은 몹시 두려워했다. …… 종종 그는 빈 교실에서 강의를 하
는가 하면 강의를 포기하고 실험실로 돌아가기도 했다"라고 썼다.

하위헌스의 원리

크리스티안 하위헌스(Christiaan Huygens, 1629~1695) ★

한 파장의 각각의 지점은 새로운 파장의 근원이 된다

하위헌스는 파면(wavefront, 파장의 맨 선두)이라는 개념을 처음으로 도입했으며, 이를 통해 파장이 전달되는 원리를 설명했다. 이 법칙은 오늘날에도 한 파장의 다음 위치를 결정하는 데 사용된다. 파면에 수직을 이루는 선을 법선(ray)이라고 하며, 이는 파장의 진행 방향을 보여준다.

뉴턴은 빛의 속성을 정의한 첫 번째 과학자로, 빛은 미립자(corpuscle)라고 불리는 매우 작은 알갱이들로 구성되어 있으며 공간을 가득 채우고 있는 에테르(ether)를 통해 진행한다고 설명했다(빛의 입자설). 그러나 하위헌스는 빛이 진행 방향과 직각을 이루는 파면을 가지는 일종의 파장(빛의 파동설)이라고 설명했고, 각 파장으로부터 다음 파장의 진행 방향을 예측할 수 있다고 했다.

하위헌스는 파장에 관한 아이디어를 소년 시절에 보았던 수로의 잔물결에서 얻었다. 그는 빛에 관한 자신의 원리를 1678년에 저술한 『빛에 관한 논술 Traité de la lumière』에서 완성했으나, 이를 출판한 것은 1690년이었다. 그는 이 책에서 광파(빛의 파장)가 서로 통과해서 지나갈 수 있으며, 이러한 성질 때문에 사람이 다른 사람의 눈을 볼 수 있다고 설명했다. 그는 "만일 빛이 입자로 이루어져 있다면, 한 사람의 눈에서 나오는 빛의 입자들과 다른 사람의 눈에서 나오는 빛의 입자들이 서로 충돌할 것이다"라고 썼다.

참고하기 영의 간섭 원리 ▶ 76

생물학적 시계

★ 장자크 드 메랑(Jean-Jacques de Mairan, 1678~1771)

식물의 어떤 기능들은 태양에 의해 조절되는 것이 아니라
식물 내의 자체 메커니즘에 의해 조절된다

드 메랑의 가설 이후, 생물학적 시계에 대한 많은 연구가 진행되었다. 오늘날 생물학적 시계는 모든 생물체 내에서 일어나는 대사 활동을 조절하는 내부 조절 장치로 알려져 있다.

드 메랑은 천문학자였다. 그는 식물에 대한 실험을 한 뒤 다시 하늘을 관찰하는 일로 돌아갔다. 결과적으로 우리는 그가 생물학으로 외도한 것에 대해 감사해야 한다. 그러나 드 메랑은 식물뿐 아니라 인간마저도 생물학적 시계의 포로라는 것은 알지 못했다. 인간의 수백 가지 세포 활동과 생리학적, 행동학적 패턴은 모두 24시간 체계를 따르는 것으로 관찰된다. 따라서 생물학적 시계는 또한 일주기성 리듬(circadian rhythm, 하루를 뜻하는 라틴어 circa diem에서 온 말)이라고 불리기도 한다. 일주기성 리듬은 흔히 바이오리듬이라고 하는 유사과학적 개념과는 관련이 없다. 일주기성 리듬의 좋은 예로 체온을 들 수 있다. 인간의 체온은 보통 약 37도로 알려져 있으나, 건강한 사람의 경우 24시간을 주기로 35.5도에서 38.5도 사이를 오간다. 체온은 이른 아침에 가장 낮다가 점차 상승해 오후 늦게 최고점에 이른다.

비행기를 탈 때와 같이 시차로 인한 건강 문제는 주로 신체가 빛과 관련된 일주기성 리듬인 수면 사이클에 저항하기 때문에 생긴다. 생물학적 시계에 결함이 생기면 의욕 상실과 수면 장애가 생기기도 한다. 일주기성 리듬의 순환 주기가 정확하게 24시간인 경우는 많지 않고, 대략 23시간에서 25시간 사이다. 특히 수면 사

이클의 순환 주기는 약 25시간인데, 이 때문에 인간은 일정하게 하루에 한 시간씩 수면 사이클이 밀려간다. 그러나 장시간의 비행기 여행과 같이 사람들이 그 순환을 갑작스럽게 변경시킬 경우, 수면 사이클은 프리 런(free run) 상태, 즉 순환 주기가 25시간에 맞지 않고 표류하는 상태에 빠지게 된다. 시차 역시 이러한 비동기화(desynchronisation)가 주요 원인이다. 수면 사이클의 25시간 주기로 인해 취침 시간이 자연적으로 지연되므로 업무 등으로 평소보다 늦게까지 깨어 있는 것이 어렵지 않은 것이다.

생물학적 시계는 또한 생물체가 주위 환경에 적응할 수 있게 한다. 이 작용이 없으면 가혹한 환경에서 살아남는 것은 불가능할 것이다. 모든 생물체는 각각의 상황에 유리한 생물학적 시계를 지니고 있는데, 이는 생물학적 시계가 진화를 통해 발전하기 때문인 것으로 보인다. 척추동물을 예로 들면, 이들의 생물학적 시계는 4억 5,000만 년 전부터 생겼다.

만일 우리가 생물학적 시계를 갖고 있다면 우리의 신체 어디쯤 위치할까? 인간을 포함한 포유류의 경우, 생물학적 시계는 뇌 속의 상시각교차핵(suprachiasmatic nucleus, 이하 SCN)이라 불리는 미세한 세포의 집합체인 시상하부에 있다. SCN은 시신경 근처에 자리해 눈과 직접적으로 연결되어 있으며 신체의 다른 조직에서도 발견된다.

하지만 SCN은 단지 일주기 축의 한 부분일 뿐이며, 이외에도 송과체(pineal gland, 밤에 멜라토닌이라는 호르몬을 생성시키는 기관)와 망막이 있다. 어떤 사람들은 겨울처럼 밤이 긴 시기에 멜라토닌이 과다 분비되어 계절성 정서 장애나 겨울 우울증(winter blues)과 같은 상태가 야기되기도 한다. 이러한 침울한 상태는 햇볕을 충분히 쬠으로써 치료할 수 있다.

린네의 분류 체계

★ 칼 폰 린네(Carl von Linné, 1707~1778)

두 부분으로 이루어진 과학적 명칭을 부여함으로써 생물의 이름을 짓는 체계

이 체계는 간결하고도 질서정연한 분류 방법을 제시한다. 이 체계는 아직도 널리 사용되고 있으나, 오늘날에는 생물체의 유전자 코드를 이용한 더 나은 분류 체계를 사용한다.

이명법(二名法, binominal nomenclature)이라고도 알려진 린네의 분류 체계는 각 종의 학명(學名)을 붙이는 경우에 라틴어로 이루어진 속명(屬名)과 종명(種名)을 조합하여 부여하는 방법이다. 종의 학명은 항상 이탤릭체나 밑줄을 그어 사용하고 이 중, 속명은 종종 축약형으로 쓰인다. 예를 들면 인간의 학명은 호모 사피엔스(*Homo sapiens*, 줄여서 *H. sapiens*)다. 린네의 분류 체계는 문, 강, 목, 과, 속, 종의 여섯 개 분류 범주로 이루어져 있지만, 생물을 명명하는 데는 이 중 두 개만이 사용된다.

린네는 여덟 살 때부터 식물학에 관심을 가져 '꼬마 식물학자'로 불렸다. 그는 1735년에 펴낸 『자연 체계 Systema Naturae』에서 자신의 분류 체계를 소개했다. 분류학의 설립자가 된 이 꼬마 식물학자는 자신의 이름을 딴 식물 린네풀(Linnaea Boralis)을 이렇게 설명했다. "그로노비우스(Gronovius)를 기념해 이름을 붙인 라플란드 지역의 식물 린네풀은 작고, 흔하며, 하찮고, 작은 꽃을 피운다는 점에서 린네를 닮았다."

스위스
영국

1738
1859

기체의 동역학 이론

다니엘 베르누이(Daniel Bernoulli, 1700~1782)
제임스 맥스웰(James Maxwell, 1831~1879)

기체는 항상 무질서한 움직임을 보이는 분자로 구성되어 있으며
그 특성은 분자의 움직임에 의해 결정된다

이 이론은 또한 액체와 고체의 상태에 대한 설명도 제공한다.

베르누이는 기체가 작고 빠르게 움직이는 입자로 구성되어 있다는 충격적인 이론을 제시했다. 이들 입자는 용기에 부딪침으로써 압력을 생성한다. 기체를 가열하면 입자들은 더욱 빨리 움직인다. 120년 후, 맥스웰은 베르누이의 아이디어를 논리정연한 수학 이론으로 증명했다. 간단히 말하면, 기체의 부피는 기체의 분자가 자유롭게 움직일 수 있는 공간과 같다. 분자 간의, 혹은 용기의 벽과 분자의 충돌은 완전한 탄성력을 가지며, 동역학 에너지의 손실이 전혀 없다. 기체의 평균 동역학 에너지는 온도가 올라갈 때 증가하며, 온도가 내려갈 때 감소한다. 오늘날 이 이론은 액체와 고체에 대해서도 적용된다.

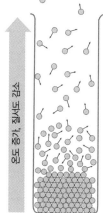

물질의 세 가지 상태에서의 분자

온도 증가, 질서도 감소

기체
극심한 무질서 상태,
분자의 매우 빠른 움직임

액체
어느 정도의 무질서 상태,
분자가 자유롭게 움직임

고체
질서정연,
분자는 진동만

참고하기 베르누이의 원리 ▶ 58 맥스웰방정식 ▶ 122

베르누이의 원리

★ 다니엘 베르누이(Daniel Bernoulli, 1700~1782)

액체나 기체의 속도가 증가하면 그 압력은 감소하며, 속도가 감소하면 압력이 증가한다

　　　　　이 원리는 복잡한 방정식으로 표현되지만, 단순하게 정리하면 흐름이 빠를수록 압력은 감소한다는 것이다.

빠른 흐름 (낮은 대기압)

느린 흐름 (높은 대기압)

베르누이의 원리는 여러 분야에 응용된다. 예를 들면, 이 원리는 비행기의 날개를 설계하는 데 사용된다. 비행기 날개는 윗면이 아랫면보다 더 길게 휘어서 날개가 공기를 가로지를 때, 윗면의 공기가 더 빨리 움직인다. 이로 인해 날개 아래쪽 공기의 압력이 위쪽 공기의 압력보다 더 크게 되어 위쪽으로 힘(양력)이 작용하게 된다.

만일 파이프나 튜브 내의 좁은 통로에서 기체나 액체의 흐름이 빨라지면 베르누이의 원리에 따라 압력은 감소한다. 이러한 효과를 벤투리 효과(Venturi effect, 이렇게 통로가 좁은 파이프나 튜브는 벤투리 튜브)라고 하는데, 처음으로 이 효과를 관찰한 이탈리아의 과학자 조반니 벤투리(Giovanni Venturi, 1746~1822)의 이름을 따서 지은 것이다. 스프레이식 향수병이나 분무기 역시 같은 원리다.

베르누이는 뛰어난 과학자 집안에서 태어났다. 그의 아버지 장 베르누이(Jean Bernoulli, 1667~1748)와 삼촌 자코브 베르누이(Jakob Bernoulli, 1654~1705)는 뛰어난 수학자였다. 베르누이 집안에는 이들 말고도 다섯 명의 과학자가 더 있다.

참고하기 기체의 동역학 이론 ▶ 57

섭씨온도

안데르스 셀시우스(Anders Celsius, 1701~1744) ★

물의 어는점과 끓는점 사이의 온도 차이는 100도다

이 온도 체계는 처음에는 100도씨 체계(centigrade)라고 불리다가 1969년에서야 섭씨온도(Celsius) 체계로 다시 명명되었다.

셀시우스는 천문학자로 월식의 발견, 300개의 별의 밝기 규정, 오로라의 체계적인 관측 등과 같은 업적을 남겼지만, 그의 천문학적 성과는 그리 많이 알려지지 않았다.

그의 가장 큰 업적은 그가 고안해낸 온도 체계다. 그가 처음 이 체계를 고안했을 때는 물이 끓는 온도를 0도라고 했고, 물이 어는 온도를 100도라고 했다. 그가 죽은 뒤, 린네가 체계를 뒤집어서 오늘날과 같은 형태로 바꾸었다. 원래는 100도씨 체계로 불리던 이 온도 체계는 국제 단위 체제를 심사하는 1969년 회의의 결정에 따라 셀시우스의 이름을 딴 '섭씨온도 체계'로 바뀌었다.

셀시우스의 묘비에는 안데르스 셀시우스라는 그의 이름이 "단위명으로 사용되는 박사(Scale's in use, Dr)"라는 애너그램(철자 재배열) 형태로 적혀 있고, 그의 온도 체계는 오늘날 세계에서 널리 이용되고 있다.

그러나 화씨온도(Fahrenheit) 체계 역시 여전히 많은 나라에서 사용되고 있다. 이 온도 체계는 1724년 독일계 네덜란드 물리학자인 가브리엘 파렌하이트(Gabriel Fahrenheit, 1686~1736)가 고안한 것으로, 물의 어는점을 32도, 끓는점을 212도로 정하고 이를 180 등분한 것이다. 또 과학 분야에서는 절대온도계인 켈빈온도 체계(Kelvin scale)를 자주 사용한다.

라이덴의 용기

★ 피터르 판 뮈스헨브룩(Pieter van Musschenbroek, 1692~1761)
에발트 폰 클라이스트(Ewald von Kleist, 1700~1748)

기계에 의해 만들어진 전기는 용기에 저장될 수 있다

　　　　　오늘날의 말로 하면 라이덴의 용기는 전기를 저장하는 데 사용되는 축전지다.

1734년 무렵, 영국의 실험가인 스티븐 그레이(Stephen Gray, 1666~1736)는 전기가 먼 거리까지 전달될 수 있다는 사실을 발견했다. 그는 또한 여러 가지 물체를 도체(열이나 전기의 전도율이 높은 물체)와 부도체(열이나 전기를 잘 전달하지 못하는 물체)로 분류했다. 그는 가장 훌륭한 도체가 금속이라는 점을 밝혔고, 이를 전선으로 이용할 것을 제안했다. 또 인간의 몸이 훌륭한 도체임을 증명하는 실험을 고안했다. 그레이는 자신의 사환이 비단실로 천정에 매단 나무판자 위에 올라가 엎드리도록 하고, 두꺼운 유리막대를 비단방석에 문질러 전기를 발생시켜 그것을 사환의 발에 대었다. 그레이의 조수가 손가락을 사환의 머리에 대었을 때 그는 가시로 찌르는 듯한 충격을 느꼈고, 이를 통해 인간의 몸이 도체임이 증명되었다.

18세기 중반에 이르러, 전기를 발생시키는 데 유리막대 대신에 전기 장치를 이용하게 되었다. 1745년, 네덜란드 레이던대학교의 뮈스헨브룩 교수는 청동사슬의 한쪽 끝은 총대에, 가운데 부분은 전기 발생 장치에 연결하고, 반대쪽 끝을 물로 채운 용기 안에 담그는 '끔찍한' 실험을 했다. 그의 조수인 안드레아스 퀴나외스(Andreas Cunaeus)가 용기를 잡고 있는 동안 뮈스헨브룩은 전기 발생 장치를 작동시켰다. 전기는 전기 장치에서 총대를 지나 용기 안으로 이동했다. 뮈스헨브룩은 오른손으로는 전기 장치를 작동시킨 채로 자신도 모르게 왼팔로 용기 안의 청동사슬을 잡았다. 전기 충격을 받은 그는 수 분 동안 기절해 있었다. 그는 나중에 "프랑스 전체를 준다고 해도 나는 다시는 그 충격을 받지는 않겠다"라고 술회했지만, 그 경험 덕분에 전기가 물이 담긴 용기에 저장될 수 있다는 중요한 사실을 발견했다. 같은 해, 독일의 과학자 폰 클라이스트 역시 뮈스헨브룩과는 별도로 동일한 원리를 발견했다. 오늘날 '라이덴의 용기'로 알려진 이 장치는 내부의 물을 구리막으로 대체한 것이다.

라이덴의 용기는 호기심의 대상이 되었다. 순회 공연을 하는 마술사들은 병 안에 있는 전기를 이용해 마을 주민들을 놀래주고 즐겁게 해주었다. 프랑스의 과학자 아베 놀레(Abbé Nollet, 1700~1770)는 라이덴의 용기를 이용해 일련의 재미있는 실험을 했다. 1746년 어느 날, 놀레는 베르사유 궁전의 루이 15세(Louis XV, 재위 1715~1774)와 그의 신하들 앞에서 자신의 장치를 설치하고는 180명의 병사들이 서로 손을 잡고 작은 틈이 하나 있는 원을 만들게끔 했다. 첫 번째 병사가 라이덴 용기의 손잡이를 잡았다. 그리고 마지막 병사가 다시 용기의 손잡이를 잡았을 때, 180명의 병사가 모두 동시에 전기가 통해서 펄쩍 뛰었다. 또 다른 실례로, 놀레는 300미터나 길게 늘어선 수도사들을 짧은 쇠사슬로 연결한 다음 같은 실험을 했고, 그 결과 역시 동일했다.

참고하기 쿨롱의 법칙 ▶ 66

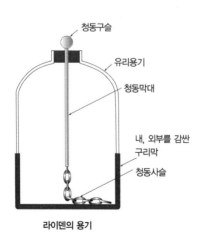

청동구슬

유리용기

청동막대

내, 외부를 감싼 구리막

청동사슬

라이덴의 용기

보데의 법칙

★ 요한 보데(Johann Bode, 1747~1826)

0, 3, 6, 12, 24, 48, 96의 수열의 각 수에 4를 더한 후 10으로 나누면 0.4, 0.7, 1.0, 1.6, 2.8, 5.2, 10의 수열이 나오게 되는데, 이 수치는 태양계 내의 각 행성과 태양 간의 거리를 천문단위로 나타낸 값과 같다

　　　　　　이 수열은 2.8을 제외하면 당시 알려져 있던 태양계의 여섯 개 행성의 정확한 거리를 보여준다.

　　독일계 영국인 천문학자 윌리엄 허셜(William Herschel, 1738~1822)이 1781년에 새로운 행성인 천왕성을 발견했을 때, 이것 역시 보데의 법칙을 따랐다. 즉 토성에 해당하는 96의 2배수인 192에 4를 더한 후 10으로 나눈 19.6이 실제 천왕성까지의 거리인 19.2와 근사하게 맞은 것이다. 태양계 내의 천체들 사이의 거리는 천문단위(astronomical unit, AU)로 나타내는데, 1천문단위는 태양에서 지구까지의 거리로 대략 1억 5,000만 킬로미터에 해당한다.

　　보데는 2.8에 해당하는 위치에 새로운 행성이 있을 것이라고 했지만, 1801년에 케레스(Ceres)라는 소행성이 화성과 목성 사이의 2.8에 해당하는 위치에서 발견되었다. 또 각각 1846년과 1930년에 발견된 해왕성과 명왕성의 위치는 보데의 법칙에 맞지 않았다. 이들 행성과 태양과의 거리는 각각 30과 39.2천문단위로 보데의 법칙으로 예상한 38.8과 77.2와는 다르게 나타난 것이다.

　　한편, 태양계의 아홉 번째 행성이었던 명왕성은 2006년 국제천문연맹 총회에서 행성 지위를 박탈당했고, 현재는 소행성 134340이라는 이름으로 바뀌어 불린다. 국제천문연맹은 행성을 "태양이 공전하며, 자체 중량이 충분히 커 구형을 유지할 수 있고, 공전 구역 내에서 지배적 역할을 하는 천체"라고 새롭게 정의했다.

잉엔하우스의 광합성 이론

얀 잉엔하우스(Jan Ingenhousz, 1730~1799) ★

녹색식물은 낮에는 이산화탄소를 흡수하고 산소를 방출하지만, 밤에는 반대가 된다

이 과정은 오늘날 광합성(photosynthesis, 빛과 결합한다는 의미) 으로 알려져 있다. 광합성은 녹색식물이 성장하는 데 필요한 탄소를 이 산화탄소에서 얻을 수 있게끔 한다.

광합성은 자연계의 가장 중요한 화학 반응이다. 대기 중에 산소를 공급하고 모든 생물체에게 직·간접적인 에너지원이 되는 식물에 영양분을 제공한다. 잉엔하우스가 광합성의 기본 원리를 발견한 이래, 광합성에 대해 상당히 많은 부분이 알려졌다. 식물 내에서는 두 종류의 반응이 일어나는데, 빛에 대한 반응에서는 식물의 엽록체를 통해 흡수된 태양에너지가 화학에너지로 바뀌고 수분은 산소와 수소로 나누어지며, 어둠 속에서 일어나는 반응에서는 이산화탄소가 당분으로 바뀌게 된다. 이처럼 광합성은 태양에너지를 화학에너지로 바꾸어, 이산화탄소나 물과 같이 에너지가 적은 화합물을 당분이나 산소와 같이 에너지가 많은 화합물로 변환시킨다.

오늘날, 과학자들은 태양에너지를 얻기 위해 인공적인 광합성 장치를 만들 방법을 찾고 있다. 이론상 이러한 장치를 통해 획득한 태양에너지는 두 가지 형태로 나뉘는데, 하나는 (전기를 발생시키는) 전자이며, 또 하나는 수소(오염을 유발하지 않는 에너지원)다. 만일 과학자들이 자연계의 광합성 작용을 모방하는 데 성공한다면, 언젠가 오염을 전혀 유발하지 않고 재활용이 가능한 새로운 에너지원을 얻게 될 것이다.

■참고하기 광합성에서의 캘빈사이클 ▶ 214

지구에서 우주로, 점점 확대되는 세계관

옛사람들은 지구가 평평하다고 생각했다. 오늘날의 기준으로 보면 우스갯소리겠지만, 당시에는 배를 타고 한참 가다 낭떠러지를 만나면 배가 수직으로 고꾸라진다는 얘기가 신빙성 있게 믿어지곤 했다.

그러다가 지구는 둥글다고 주장한 학자들이 나타난 건 기원전 6세기쯤이었다. 탈레스나 피타고라스, 에라토스테네스 등이 그 주인공들이다. 기원후 2세기의 프톨레마이오스 역시 지구가 둥글다는 이들의 견해에 동조한 바 있다. 그러나 프톨레마이오스는 공 모양의 지구가 이 우주의 핵이라고 생각하고 있었다. 그래서 지구가 우주의 중심에 확고히 자리잡고 있고, 달과 수성, 목성, 심지어 태양마저 지구의 주위를 돈다고 생각했다. 당시로서는 지구가 우주의 중심이 아니라는 생각과, 별들이 천구에 박혀 있는 것이 아니라 운동을 한다는 사실을 도저히 믿을 수 없었던 것이다. 그래서 천문학자들은 1,400년 동안이나 천동설을 받들었다.

태양이 지구 주위를 도는 게 아니라, 지구가 태양의 주위를 돈다는 지동설은 1543년 코페르니쿠스에 와서야 나왔다. 그는 태양으로부터 수성, 금성, 지구와 달, 화성, 목성, 토성이 위치한다는 순서까지 제시했다. 하지만 관측을 통해 밝힐 수는 없었다. 뛰어난 천문 관측가였던 덴마크의 튀코 브라헤가 지동설을 믿지 못했던 이유도 지동설을 관측으로 입증할 수 없다는 점 때문이었다. 그는 여전히 지구가 우주의 중심이라고 믿었다. 다만 브라헤가 남긴 방대한 관측 자료를 물려받은 케플러는 그 자

료들을 토대로 행성의 운동 법칙을 밝혀내
고 초신성과 혜성의 움직임을 분석한 결
과, 우주가 불변의 존재는 아니라는
사실을 확신하게 된다.

그리고 1609년에는 갈릴레오가 굴
절망원경으로 우주를 관측해 목성의
위성 네 개가 케플러의 법칙을 따르며
운동하고 있는 것을 밝혀냈고, 이어서 뉴턴
이 자신의 만유인력의 법칙을 통해 케플러의 법칙
을 수학적으로 증명하기에 이른다.

또 1772년엔 보데가 행성과 태양 간의 거리, 즉 행성 궤도의 평균 반경을 나타내
는 간단한 수열을 만들어내 화성과 목성 사이의 행성의 존재를 예측했는데, 이것이
1801년 소행성 케레스의 발견으로 입증된다. 그리고 1838년 프리드리히 베셀
(Friedrich Bessel, 1784~1846)이 '별의 시차' 효과가 지구의 공전 때문임을 밝히는
관측에 성공해 코페르니쿠스의 태양 중심 체계가 최종적으로 입증됐다.

그러나 관측 기술의 발달은 우주에 대한 또 다른 단서들을 무수히 쏟아냈다. 18
세기 말에 허셜은 그때까지 하나의 별로 여겨지던 안드로메다 성운이 사실은 별의
집단, 즉 '은하'인 것을 알게 되었고 태양 역시 이 집단에 들어 있다는 결론을 내리
게 된다. 1923년 허블은 안드로메다까지의 거리를 계산해내 안드로메다가 우리은
하 밖에 존재하는 또 다른 은하계임을 밝혔다.

사람들은 더 이상 천동설과 지구중심설을 말하지 않는다. 은하에 대한 많은 사실
들이 밝혀지면서, 태양 역시 '우주의 중심'은 아니라는 점도 깨달았다. 이제 과학
자들은 지구와 태양계라는 좁은 세계에서 벗어나 거대 우주에 대한 탐구에 온 힘을
쏟고 있다. 인류의 천문학은 지구에서 태양계로, 태양계에서 더욱 넓은 우주로 점
차 시야를 넓혀온 과정인 셈이다.

쿨롱의 법칙

★ **샤를 드 쿨롱**(Charles de Coulomb, 1736~1806)

전하를 띤 두 물체 사이의 인력(끌어당기는 힘)과 척력(밀어내는 힘)은 두 물체가
가진 전하량을 곱한 값에 비례하며, 두 물체 사이의 거리를 제곱한 값에 반비례한다

전하를 띤 물체 주위에서 그 전하의 영향이 미치는 공간을 전기장(electric field)이라고 한다. 전하를 띤 또 다른 물체가 이 전기장 안에 위치하면 역시 영향을 미치게 된다. 쿨롱의 법칙은 이들의 힘을 계산하는 데 사용된다.

1733년, 프랑스의 식물학자 샤를 뒤페(Charles du Fay, 1698~1739)는 유리를 문지를 때와 고무수지를 문지를 때 각기 다른 종류의 전하가 발생한다는 것을 알아냈다. 즉, 유리막대를 문질러서 전하를 띤 금박의 경우, 유리는 밀어내고 고무수지는 잡아당기는 것이었다. 그는 다른 여러 가지 실험을 통해 전하를 띤 호박이 어떤 물체는 잡아당기고 다른 물체는 밀어낸다는 것을 밝혔다. 그는 전기에는 두 가지 종류가 있다고 결론짓고, 각각 유리성(vitreous, 유리라는 뜻)과 수지성(resinous, 호박 혹은 수지라는 뜻)이라는 이름을 붙였다. 훗날 전기의 전하는 (+)와 (-)가 존재하며, 같은 전극끼리는 밀어내고 다른 전극끼리는 잡아당긴다는 사실이 밝혀졌다.

프랑스의 물리학자 쿨롱은 전하를 띤 여러 가지 물체에 대해 연구한 후, 전기의 인력과 척력이 만유인력과 같은 법칙으로 작용한다는 결론을 내렸다. 전하량의 단위인 쿨롱(coulomb, 기호는 C)은 그의 업적을 기려 이름을 붙인 것으로, 1쿨롱은 1암페어의 전류가 1초 동안 운반하는 전하량을 말한다.

허턴의 균일론

제임스 허턴(James Hutton, 1726~1797)

> 지구의 지질학적 현상은 침식과 융기의 순환과 같은 자연적인 과정으로 설명될 수 있다
> 이들 과정은 지금도 지상과 지하에서 일어나고 있으며
> 상상할 수 없이 오랜 시간 동안 일정하게 작용하고 있다

지구는 자연적인 과정을 따라 계속해서 변화해왔으며, 앞으로도 계속해서 같은 과정을 통해 변화할 것이다. 균일론(동일과정설)의 발견은 지질학이 과학의 한 분야가 된 전기이며, 허턴은 오늘날 지질학의 창시자로 기억된다.

허턴은 의사 교육을 받았지만 그가 행운을 잡은 것은 농부로서였다. 농사를 짓는 동안 그는 흙과 바위, 지구의 표면 등에 매료되었다. 그는 1768년에 농사를 포기하고, 자신이 관심을 두었던 지질학을 공부하기 시작했다. 당시 과학자들은 지구의 역사가 불과 몇천 년에 불과하며, 오직 자연재해와 같은 현상에 의해서만 지구가 변화한다고 믿었다. 허턴은 지구 환경 변화의 가장 큰 힘은 지구 내부의 열이라는 것과 이러한 변화가 오랫동안 일정하게 진행되어왔다는 균일론을 제시했다. 그는 "우리는 태초의 흔적을 발견할 수 없으며, 종말에 대한 예측도 불가능하다"는 견해를 펴 무신론자라는 비난을 받았다.

1785년, 에든버러의 왕립학회에 제출한 허턴의 첫 논문은 거의 관심을 받지 못했다. 또 자신에 대한 비난을 반박하고 자신의 견해를 종합하기 위해 1795년에 두 권으로 출간한 『지구의 이론 Theory of the Earth』 역시 동시대 사람들에게 무시되었다. 허턴의 이론은 이후 1830년, 라이엘에 의해 재개되었다.

샤를의 법칙

★ **자크 샤를**(Jacques Charles, 1746~1823)

질량이 일정한 기체의 부피는 동일한 압력에서 절대온도에 비례한다

　　　　즉, 기체의 온도를 두 배 높였을 때, 부피 역시 두 배가 된다. 이를 수학적으로 표현하면, $V/T=$상수 또는 $V_1/T_1=V_2/T_2$가 되며, 여기서 V_1은 온도 T_1일 때 기체의 부피이고, V_2는 온도 T_2일 때 기체의 부피다.

　1783년 8월 27일, 샤를과 그의 형제는 처음으로 기구를 이용해 하늘을 날았다. 수소를 가득 채운 기구는 파리 상공 914미터까지 올라갔다. 훗날의 비행에서 샤를은 3,000미터 상공까지 올라갔다. 기체에 대한 샤를의 관심은 결국 오늘날에도 화학을 공부하는 사람이면 배워야 하는 샤를의 법칙으로 이어졌다.

　샤를의 법칙과 보일의 법칙은 $pV/T=$상수라는 하나의 공식으로 표현될 수 있다. 여기에 아보가드로의 법칙을 포함하면, 위의 공식은 $pV/nT=$상수가 되는데, 여기서 n은 분자의 개수, 즉 몰(mole)수를 의미한다. 이 공식에서 상수는 기체상수라고 하며 R로 표시한다. 이상기체 방정식으로 알려진 이 공식은 흔히 $pV=nRT$로 표현된다. 엄밀히 말하면, 이 공식은 이상기체에만 해당한다. 이상기체(ideal gas)란 모든 기체 동역학의 가정에 들어맞는 기체를 의미한다. 현실에는 이러한 이상기체가 존재하지 않지만, 특정 조건하에서 모든 기체는 이상기체와 유사한 습성을 갖는다.

라부아지에의 질량 보존의 법칙

앙투안 **라부아지에**(Antoine Lavoisier, 1743~1794) ★

화학 반응에서 반응물의 총질량은 생성물의 질량과 같다

화학 반응이 일어날 때, 질량은 새로 만들어지지도, 사라지지도 않는다. 이 법칙은 오늘날에도 받아들여진다.

라부아지에는 물과 공기가 사람들이 수 세기 동안 믿었던 것처럼 단일 원소가 아니라 화합물이라는 것을 밝힌 최초의 인물이다. 그는 또한 물질이 탈 때 플로지스톤(phlogiston, 연소라고도 하며 산소 발견 이전에 가연물 속에 존재한다고 믿어졌던 것)을 방출한다고 주장한 플로지스톤설(연소론)의 오류를 증명했다. 플로지스톤설에 따르면, 플로지스톤을 많이 함유하고 있는 금속은 공기 중에서 탈 때 금속회(calx, 오늘날의 산화물)로 바뀌는데, 이때 질량이 감소하는 것은 플로지스톤의 손실 때문이라는 것이었다. 라부아지에는 물질이 타는 것은 물질이 산소와 결합하는 화학 반응임을 밝혀냈다. 이러한 그의 선구적인 실험으로 오늘날 그는 근대 화학의 아버지로 기억된다. 라부아지에의 아내인 마리안 피에레트(Marie-Anne Pierrette)가 그의 실험 대부분을 도왔고, 그의 저서 『화학의 기초 논문 Traité Elémentaire de Chimie』의 삽화도 그렸다.

라부아지에는 또한 정부의 세금징수원으로 일하기도 했다. 프랑스 혁명 당시 모든 세금징수원이 유죄판결을 받고 사형을 당하게 되었는데, 라부아지에의 요청으로 그에 대한 사형선고가 2주 미뤄져서 그가 중요한 실험을 끝마칠 수 있도록 했다. 법정은 "공화국에는 과학자가 필요 없다. 정의에 의해 자연히 밝혀질 것이다"라며 그를 비난했고, 라부아지에는 교수형을 당했다.

갈바니와 볼타의 전류에 대한 개념

★ 루이지 갈바니(Luigi Galvani, 1737~1798)
알레산드로 볼타(Alessandro Volta, 1745~1827)

갈바니 _ 전류는 동물의 조직이 서로 다른 두 종류의 금속과 접촉할 때 발생한다
볼타 _ 전류는 동물의 조직과 관련된 것이 아니라 화학 반응에 의해 발생한다

당연히 갈바니의 이론이 틀리고, 볼타의 이론이 맞다.

이탈리아 볼로냐(Bologna)대학교의 저명한 해부학교수였던 갈바니는 1792년, "나는 상반된 두 무리의 사람들, 즉 지식인들과 무지한 사람들 모두에게 비난을 받았다. 그들은 나를 비웃었고 나를 개구리의 춤 선생이라고 불렀다. 그러나 나는 내가 자연의 기본적인 힘 중 하나를 밝혔다고 믿는다"라고 술회했다. 그가 전류라고 부르는, 자연의 기본적인 힘 중 하나를 발견한 것은 사실이다.

어느 날 갈바니의 아내가 몹시 아팠는데, 의사의 처방은 개구리 수프를 먹이라는 것이었다. 갈바니는 자신이 직접 요리를 하기로 결심했다. 남자의 요리 경험은 기록해둘 가치가 있다고 생각한 그는 일기장에 다음과 같이 썼다. "발코니에 앉아 나는 개구리를 잘랐다. 그러고는 실험실에서 하듯 잘린 다리를 내 앞에 있던 작은 청동갈고리에 꿰어 철제난간에 매달았다. 그때 나는 잘린 개구리 다리가 철제난간에 닿을 때마다 경련을 일으키는 것을 보았다."

갈바니 부인이 남편이 만들어준 개구리 스프를 먹고 얼마나 빨리 회복되었는지는 알려져 있지 않지만, 위의 일화는 갈바니의 관찰이 전류 발견의 초석이 되었음을 잘 보여준다. 갈바니는 여러 가지 물질에 대해 실험을 했고, 결국 자신이 동물 전기(animal electricity)를 발견했다고 결론을 내렸다. 그는 개구리의 근육이 전기의 원천이라고 설명했다. 1791년, 그는 자신의 발견을 책으로 냈다.

많은 과학자들은 미식가들의 불평에도 불구하고 여러 해 동안 개구리 다리에 대한 실험을 했다. 이 과학자들 중 한 사람이 바로 볼타였다. 그는 개구리 다리에서 아무런 전기를 발견할 수 없었으며, 결국 갈바니의 동물 전기 이론이 틀렸다고 생각했다. 그는 개구리의 다리가 아니라 금속이 바로 전기의 원천이라고 생각했다. 볼타의 실험 방법은 소금물이 담긴 그릇에 구리와 아연 원반을 넣어서 전류를 발생시키는 것이었다. 그는 소금물에 적신 판자를 사이에 끼워서 원반들을 쌓으면 더 많은 전류가 흐를 것이라고 추측했다. 그리고 철사를 원반 더미의 양 끝에 연결해 성공적으로 전류를 얻을 수 있었다. 이 '볼타의 원반 더미'는 역사상 최초의 전지였다.

전압의 단위로 사용되는 볼트(volt, 기호는 V)는 바로 볼타를 기려 이름을 붙인 것으로, 1볼트는 1옴의 도체에 1암페어의 전류가 통했을 때 그 도체의 양 끝에 생기는 전위차를 뜻한다.

참고하기 옴의 법칙 ▶ 87

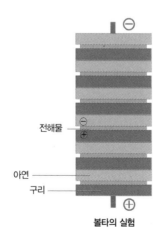

전해물

아연
구리

볼타의 실험

럼퍼드의 열 이론

★ 벤저민 톰슨(럼퍼드 백작으로 알려짐, Benjamin Thompson, 1753~1814)

기계적인 움직임은 열로 변환될 수 있다. 열은 입자의 움직임에 의한 에너지다

럼퍼드의 이론에서 많은 과학적 업적이 파생되었다. 오늘날 우리는 열이 원자나 분자의 자유로운 움직임과 관련된 에너지라는 것을 안다. 온도는 물체가 얼마나 뜨거운가를 의미하는 단위다.

18세기, 과학자들은 열을 컬로릭(caloric, 열소라고도 한다)이라고 불리는 유체의 흐름으로 생각했다. 모든 물체는 특정량의 컬로릭을 갖고 있는데, 컬로릭이 흘러나가면 온도가 내려가고, 컬로릭이 흘러 들어오면 온도가 올라가는 것으로 생각한 것이다. 그러나 컬로릭 이론으로는 마찰열을 설명할 수 없었다.

럼퍼드는 대포의 구멍을 뚫을 때 엄청난 열이 발생한다는 사실을 알고는 놀랐다. 그는 물을 채운 나무상자 안에 무딘 천공기(구멍을 뚫는 기구)를 넣고 총신을 그 위에 올려놓은 뒤 두 마리의 말이 두 시간 반 동안 총신을 돌리는 실험을 고안했다. 그는 "그 많은 양의 물이 불도 없이 끓어오르는 모습을 본 구경꾼들의 놀란 얼굴이란 말로 묘사하기가 힘들다"라고 당시를 설명했다. 이 실험을 럼퍼드의 대포 실험이라고 하는데, 럼퍼드는 이 실험으로 당시의 주된 이론이었던 열의 물질성을 부정하고 열이 기계적 에너지임을 밝혔다. 그는 자신의 열 이론을 1798년에 「마찰에 의해 생기는 열의 원천에 대한 실험 탐구 An Experimental Enquiry Concerning the Source of the Heat which is Excited by Friction」라는 논문으로 발표했다. 미국 출신인 럼퍼드는 19세기 과학계에서 가장 화려한 이력을 자랑한 사람이었다. 그는 런던 왕립연구소를 설립했으며, 열량을 재는 열량계를 발명했다.

맬서스의 인구 이론

토머스 맬서스(Thomas Malthus, 1766~1834)

> 만약 조절이 안 된다면 인구는 기하학적으로 증가하는 반면(1, 2, 4, 8, 16……)
> 식량 공급은 산술적으로 증가할 것이다(1, 2, 3, 4, 5……)
> 그렇게 되면 200년 내에 인구와 식량의 비는 256대 9가 될 것이다

이러한 우울한 예측이 현실로 나타난 적은 결코 없었다. 그 주된 원인은 농업 기술의 비약적인 발전 덕분일 것이다. 21세기인 지금도 맬서스의 사상은 잊히지 않고 있다. 그의 이론은 경제와 인구, 환경 간의 관계를 밝히는 현대 이론의 기초가 되었다.

1798년 맬서스의 저서 『인구론 An Essay on the Principle of Population』이 나오자, 시골 교구의 이름 없는 성직자였던 맬서스는 인구에 대한 정치적 논쟁의 중심에 서게 되었다. 그의 책은 불경스러운 무신론자가 쓴 파괴적인 책이라고 비난받았다.

마르크스와 함께 공산주의 이론의 토대를 공동으로 마련한 프리드리히 엥겔스(Friedrich Engels, 1820~1895)는 맬서스의 책이 과학이라는 요소를 과소평가했다고 비난하며 이렇게 평했다. "과학은 인구가 증가하는 속도만큼이나 빨리 발전한다. …… 대부분의 정상 조건에서 과학 역시 기하학적인 발전을 보인다. 과학에 있어 무엇이 불가능하겠는가?" 아이러니하게도, 맬서스의 책은 과학의 발전에도 지대한 영향을 끼쳤으며, 다윈이 진화론을 착안하는 데도 영감을 주었다. 『종의 기원』에서 다윈은 "맬서스의 이론을 전체 동·식물계에 적용한 것이 진화론"이라고 밝혔다.

프루스트의 일정성분비의 법칙

★ 조제프루이 프루스트(Joseph-Louis Proust, 1754~1826)

화합물은 특정한 질량 비율에 따라 각 원소를 함유하고 있다

　　　　오늘날 화학책에서는 이 법칙을 단순히 일정성분비의 법칙 혹은 특정 비율의 법칙으로 언급하고 있다.

　당시 프랑스 과학계의 리더로 알려져 있던 클로드 베르톨레(Claude Berthollet, 1748~1822)는 프루스트의 법칙을 받아들이지 않았다. 베르톨레는 화학적 친화력이 중력과 마찬가지로 각 물질의 질량에 비례한다고 믿었고, 화합물의 성분은 매우 다양하게 변할 수 있다고 주장했다. 그러나 프루스트는 베르톨레의 실험이 순수한 화합물을 대상으로 한 것이 아니라 혼합물을 대상으로 한 것임을 증명했다. 이로 인해 최초로 화합물과 혼합물이 서로 명확하게 구분되었다. 오늘날 보통 혼합물은 두 가지 이상의 물질이 서로 화학적 결합을 하지 않고 각각의 성질을 지닌채 섞인 물질을 의미하며, 화합물은 그와 달리 둘 이상의 물질이 화학적 결합을 통해 일정한 조성을 이룬 물질을 말한다.

　프루스트의 법칙은 또한 돌턴의 원자 이론의 토대가 되었다. 원자 이론에 따르면, 원자는 항상 자연수의 비율로 결합한다. 예를 들면, 모든 물 분자는 두 개의 수소 원자와 한 개의 산소 원자로 이루어진다. 그러므로 모든 물은 동일한 성분으로 이루어져 있다. 프루스트의 법칙은 실험에 의해서도 증명되었다. 예를 들면 물은 항상 11.2퍼센트의 수소와 88.8퍼센트의 산소로 이루어진다. 최근 화학자들은 아주 드물게 특정 원소가 자연수의 비율로 결합하지 않는 것을 발견했다. 이러한 화합물들을 베르톨라이드(berthollides)라고 하며, 자연수의 비율로 결합하는 화합물은 돌터나이드(daltonides)라고 한다.

돌턴의 부분압력의 법칙

존 돌턴(John Dalton, 1766~1844) ★

혼합 기체의 전체 압력은 혼합 기체를 이루는 각 기체의 부분압력의 합과 같다

혼합 기체 내의 각 기체는 각각을 따로 용기에 담았을 때 용기에 가해지는 압력과 동일한 압력을 가하며, 이를 부분압력(partial pressure)이라고 한다.

돌턴은 열렬한 아마추어 기상학자였다. 그는 죽을 때까지 57년간 꾸준히 일기를 썼는데, 그 일기에는 2만여 회의 기상 관측 기록이 담겨 있었다. 그러한 관찰을 통해 그는 기체에 대한 여러 지식을 쌓게 되었다. 그의 부분압력의 법칙은 기체의 동역학 이론을 발전시키는 데 크게 기여했다. 물론 이 법칙은 모든 기체가 이상기체라는 가정하에 만든 것이기 때문에 실제 기체와는 약간의 차이가 있다.

돌턴은 영국의 이글스필드라는 작은 마을에 살았던 가난한 퀘이커파 직조공의 아들로 태어났다. 어린 시절 동네 학교에서 공부할 때부터 수학과 과학 분야에 천재성을 보였던 그는 20대 중반에 수학과 자연철학을 가르치기 위해 맨체스터로 이사를 왔고, 이후 여러 가지 과학적 업적을 남기며 평생을 그곳에서 보냈다. 그는 또한 색맹에 관해 진지한 연구를 수행한 최초의 사람이기도 했는데, 그 자신 역시 색맹이었다. 이러한 이유로 종종 색맹은 돌터니즘(daltonism)이라 불리기도 한다. 그의 장례식장에는 4만 명 이상의 조문객이 방문해 위대한 천재를 애도했다.

참고하기 돌턴의 원자 이론 ▶ 79

영의 간섭 원리

★ 토머스 영(Thomas Young, 1773~1829)

파동 간의 간섭 현상은 상보적일 수도, 상쇄적일 수도 있다

영의 원리는 하위헌스의 광파 이론(빛이 파장이라는 이론)을 발전시킨 것이다. 이후 이 이론은 아인슈타인과 플랑크에게 계승되었다.

하위헌스의 파동 이론은 19세기의 첫해에 영이 다시 언급하기까지 1세기 이상 무시되었다. 영은 "빛이 파장으로 이루어져 있다면 직선으로 진행하지 않을 것이며, 따라서 그림자의 표면이 매끄러울 수 없다"는 뉴턴의 견해를 받아들이지 않았다. 영은 "빛의 파장이 매우 작다면 빛은 물체의 표면에서 산란하지 않을 것이며, 따라서 매끄러운 그림자가 나타날 수 있다"고 했다. 그의 간섭 원리는 광파 이론에 강력한 근거를 제시했다.

1801년 무렵, 영은 자신의 이론을 간단한 실험을 통해 설명했는데, 이것이 오늘날 '영의 이중 틈새 실험(Young's double-slit experiment)'으로 알려진 것이다. 실험에서 영은 바늘구멍을 통해 컴컴한 방 안으로 햇빛이 들어오게 했다. 이렇게 들어온 햇빛은 근접한 두 개의 작은 틈새를 통과해 벽면에 조사되었다. 벽면에 두 개의 빛이 보일 것이라는 예상과 달리, 실제로는 명암이 반복되는 줄무늬가 나타났다. 영은 간섭무늬(interference fringes)라고 불리는 이 현상이 빛을 이루는 파장 중 하나가 다른 파장을 간섭해 나타나는 것이라고 설명했다. 두 개의 동일한 파장이 만나면 서로가 더욱 커지기도 하고(상보적인 간섭), 없어지기도 한다(상쇄적인 간섭). 이러한 효과는 두 개의 돌을 연못에 던졌을 때 나타나는 현상과 유사하다.

영의 실험은 결과적으로 빛이 파장으로 이루어져 있다는 사실을 증명했지만, 영 자신은 그 이론에 대해 아무런 수학적 증명도 제시하지 않았다. 간섭 원리에 대한 수학적 증명은 프랑스의 물리학자인 오귀스탱 프레넬(Augustin Fresnel, 1788~1827)에 의해 이루어졌다.

1905년 아인슈타인이 빛이 광자(photon)라고 불리는 작은 입자에 의해 전달된다는 것을 보인 후 파동 이론은 더욱 발전하게 되었다. 오늘날 빛의 성질에 대한 견해는 양자 이론(quantum theory)에 기초를 두고 있는데, 이는 전자기파의 일종인 빛이 파장의 진행 경로를 따라 광자의 형태로 이동한다는 것이다. 이는 파장·입자의 이중성(wave-particle duality)으로 알려져 있다.

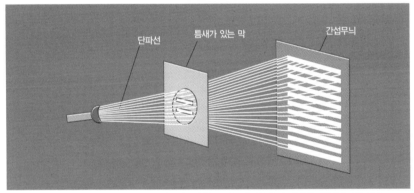

간섭은 동시에 같은 장소에 있는 두 개의 파장이 만들어내는 효과로서, 이것은 두 파장이 결합된 효과와 같다.

하워드의 구름 분류

★ **루크 하워드**(Luke Howard, 1772~1864)

모든 구름은 세 개의 기본적인 종류로 구분할 수 있다. 즉, 머리카락 모양의 권운(cirrus), 솜 모양의 적운(cumulus) 그리고 층 모양의 층운(stratus)이 그것이다. 이들의 중간 형태 혹은 결합 형태의 구름으로는 권적운(cirrocumulus), 권층운(cirrostratus), 층적운(cumulostratus), 적란운(cumulonimbus) 혹은 비구름을 가리키는 난운(nimbus)이 있다

현대의 구름 분류 체계도 기본적인 세 가지 종류에 그 기초를 두고 있다.

아마추어 기상학자였던 하워드는 1802년에 자신이 회원으로 있던 모임인 아스케시안 소사이어티(Askesian Society)에서 구름 분류법을 발표했고, 이것을 1803년에 『구름의 분류에 대하여 On the Modification of Clouds』라는 책으로 출간했다. 하워드의 이론은 당시의 과학자들에게 점차 받아들여졌고, 그는 과학계의 명사가 되었다.

1896년에 처음 출간된 『국제구름도감 International Cloud Atlas』에서는 고도에 따라 구름을 분류하고, 거기에 하워드의 분류명을 붙였다. 이후 몇 번의 개정을 거쳐 현재 『국제구름도감』은 1956년에 세계기상기구(World Meteorological Organization, 줄여서 WMO)가 제작한 제4판이 사용된다. 여기서는 구름을 총 열개의 종류로 분류했는데, 이것을 표로 나타내면 다음과 같다.

상층운(6km 이상)	중층운(2~6km)	하층운(2km 이하)	모든 고도에 걸쳐 나타나는 구름
1. 권운(Cirrus)	4. 고적운(Altocumulus)	7. 층적운(Stratocumulus)	10. 적란운(Cumulonimbus)
2. 권적운(Cirrocumulus)	5. 고층운(Altostratus)	8. 층운(Stratus)	
3. 권층운(Cirrostratus)	6. 난층운(Nimbostratus)	9. 적운(Cumulus)	

돌턴의 원자 이론

존 돌턴(John Dalton, 1766~1844)

> 모든 물질은 원자로 이루어져 있으며, 원자는 새로 생겨날 수도 없고, 파괴되거나 나누어지지도 않는다. 한 원소의 원자는 동일하지만, 각각 다른 원소의 원자는 서로 다르다 모든 화학 변화는 원자의 결합 혹은 분리의 결과다

오늘날에는 더 이상 원자가 쪼갤 수 없는 물질의 최소 단위가 아니다.

현재는 원자가 매우 당연한 것으로 받아들여지지만, 돌턴이 원자 이론을 발표했을 당시에는 동시대의 많은 과학자들이 원자라는 개념을 비웃었다. 영국의 저명한 화학자였던 험프리 데이비(Humphry Davy, 1778~1829)도 원자 이론을 "불합리투성이"로 간주했다. 프랑스의 화학자였던 베르톨레는 단순히 "의심스럽다"라고만 표현하기도 했다. 혹자는 돌턴이 작은 공 모양의 원자라는 망상으로 고생하고 있다고 했다. 그러나 채 몇 년 지나지 않아 과학계는 원자라는 개념을 인정하기 시작했다.

돌턴은 두 개의 원소가 결합해 하나 이상의 화합물을 형성하는 여러 물질에 대한 실험을 통해 두 개의 원소 A와 B의 질량비는 자연수의 비로 변화한다고 결론지었다. 오늘날 이 법칙은 배수비례의 법칙으로 알려져 있다.

돌턴은 배수비례의 법칙을 1803년에서 1804년 무렵에 발표했고, 자신의 원자 이론을 집대성해 1808년에 『화학철학의 신체계 New System of Chemical Philosophy』라는 저서를 출간했다.

참고하기 돌턴의 부분압력의 법칙 ▶ 75 게이뤼삭의 기체 반응의 법칙 ▶ 80

게이뤼삭의 기체 반응의 법칙

★ 조제프 게이뤼삭(Joseph Gay-Lussac, 1778~1850)

서로 결합하거나 화학 반응을 유발하는 기체들의 부피는 항상 자연수의 비를 갖는다

예를 들면, 질수 1부피와 수소 3부피는 암모니아 2부피를 만든다. 이들의 부피비는 자연수의 비인 1:3:2이다.

게이뤼삭은 위대한 실험가였지만, 왜 기체가 자신의 법칙에 따라 반응하는지는 한 번도 설명하지 않았다. 이 법칙에 대한 설명은 아보가드로가 밝혔다.

1805년 게이뤼삭은 독일의 실험가 알렉산더 폰 훔볼트(Alexander von Humboldt, 1769~1859)와 함께 수소와 산소가 결합해 물을 형성하는 비율에 대한 실험을 진행했다. 실험 과정에서 그들은 특별히 제작된 얇은 유리그릇이 필요했는데, 값비싼 독일 수입품을 써야만 했다. 당시 프랑스는 수입품에 대해 높은 관세를 매기고 있었기 때문에, 관세를 피하기 위해 훔볼트는 한 가지 아이디어를 떠올렸다. 그는 독일 유리 제조업자에게 유리용기의 긴 입구를 막고, 물품명을 '독일 공기, 주의 요망' 이라고 써서 보내달라고 부탁했다. 이 용기가 프랑스에 들어왔을 때, 세관원들은 '독일 공기'에 대한 관세 항목을 찾을 수 없었고, 게이뤼삭과 훔볼트는 결국 관세를 지불하지 않고 유리용기를 받을 수 있었다.

게이뤼삭의 법칙은 돌턴의 원자 이론과 상충되었고, 두 사람은 서로 상대방의 이론을 인정하지 않았다. 결국 둘의 분쟁은 아보가드로가 분자에 관한 법칙을 발표하면서 해결되었다.

참고하기 돌턴의 원자 이론 ▶ 79 아보가드로의 법칙 ▶ 82

라마르크의 이론

장 라마르크(Jean Lamarck, 1744~1829) ★

한 세대에서 획득한 형질은 다음 세대로 유전될 수 있다

라마르크의 이론은 다윈과 멘델의 이론이 발표된 후에 옳지 않은 것으로 판명 났다.

라마르크의 이론은 언제나 기린의 목과 연관된다. 교과서에서도 라마르크의 이론을 설명하기 위해 항상 기린의 목을 예로 든다. 이러한 설명에 따르면, 지금의 기린보다 목이 짧았던 기린의 조상들은 큰 나무의 잎을 먹기 위해 종종 목을 뻗어야 했고, 이렇게 조금씩 늘어난 목이 그들의 자손들에게 유전되었다. 결국 이러한 유전의 반복이 오늘날의 목이 긴 기린을 탄생시켰다는 것이다.

다윈이 태어난 해인 1809년에 출간된 저서 『동물철학 Philosophie Zoologique』에서 라마르크는 왜가리가 어떻게 긴 다리를 갖게 되었는지, 기린의 목이 왜 길어졌는지, 개미핥기가 긴 혀를 갖게 된 이유는 무엇인지 등 자신의 이론을 설명하는 다양한 예를 제시했다. "기린의 기묘한 형태와 크기 등에서 특정한 습관의 결과를 관찰하는 것은 흥미로운 일이다. …… 가장 거대한 포유류인 이 동물은 나뭇잎을 먹어야만 하고, 이를 위해 부단한 노력을 기울이고 있다. 이러한 습관이 오랫동안 지속되면서 이들의 목은 현재의 기린에 이르는 정도로 길어졌으며, 일어서지 않고도 6미터에 달하는 신장을 얻게 되었다."

그러나 동료 생물학자들은 그의 이론을 "일고의 가치도 없는 비과학적인 추론"으로 일축해버렸다.

아보가드로의 법칙

★ 아메데오 아보가드로(Amedeo Avogadro, 1776~1856)

동일한 부피의 모든 기체는 동일한 온도와 압력에서 같은 수의 분자를 갖는다

아보가드로의 법칙은 옳은 것이었지만, 거의 50년간 동료들에게 주목받지 못했다.

아보가드로가 자신의 법칙을 발표한 1811년 당시에는 원자와 분자에 관해 알려진 바가 거의 없었다. 아보가드로는 게이뤼삭의 법칙이 원자와 분자가 동일한 것이 아님을 보여준다는 것을 알게 되었다. 그는 질소 기체의 입자(나중에 분자로 알려짐)가 두 개의 원자로 구성되어 있다는 이론을 제시했는데, 그의 말처럼 질소 분자는 N_2이며, 마찬가지로 수소 분자는 H_2이다. 질소 기체의 1부피(질소 1분자)가 3부피의 수소 기체(수소 3분자)와 결합하면 2부피의 암모니아, 즉 NH_3가 생성된다. 그러나 두 개 혹은 그 이상의 원자가 결합해 분자를 형성한다는 그의 이론은 당시의 화학자들에게는 받아들여지지 않았다. 아보가드로의 법칙은 이탈리아 화학자 스타니슬라오 칸니차로(Stanislao Cannizzaro, 1826~1910)가 원자와 분자를 구분할 필요성을 설명한 1860년까지 잊힌 채로 있었다.

아보가드로의 법칙으로 동일한 분자 수를 가진 모든 기체는 동일한 온도와 압력에서 동일한 부피를 갖는다는 것을 설명할 수 있다. 이 수는 오늘날 실험에 의해 밝혀졌는데, 그 값은 6.02×10^{23}이며, 아보가드로의 수 혹은 아보가드로상수라고 불린다.

수소   +   질소   →   암모니아

외르스테드의 전자기장 이론

한스 외르스테드(Hans Ørsted, 1777~1851) ★

전기 흐름은 자기장을 만들어낸다

나침반이 전선 가까이에 있을 때, 나침반의 바늘은 회전한다.

코펜하겐대학교의 물리학교수였던 외르스테드는 오랫동안 전기장과 자기장 사이에 관련이 있을 것으로 생각해왔다. 하루는 그가 강의 시간 중 전선을 나침반의 바늘과 직각으로 놓아보았는데, 아무런 효과가 없었다. 강의가 끝나고 몇몇 학생이 그를 찾아왔을 때, 우연히 그는 전선을 나침반의 바늘과 평행하게 놓게 되었다. 놀랍게도, 그는 북쪽을 가리키던 나침반의 바늘이 회전해 전선에 직각인 방향으로 놓이는 것을 보았다. 그가 전류의 스위치를 끄자 나침반의 바늘은 다시 북쪽을 가리켰다. 그는 전류를 거꾸로 흘려보았으며, 이때 나침반의 바늘이 반대 방향으로 회전하는 것을 보았다. 외르스테드는 우연히 전류가 자기장에 미치는 영향을 발견하고는 기절할 정도로 기뻤다. 자기장의 세기를 나타내는 단위인 '에르스텟(기호는 Oe)'은 그의 이름을 딴 것이다.

오늘날 실생활에서 사용되는 전기는 이러한 전기장과 자기장의 관계에서 발전했는데, 이는 순전히 우연히 이루어진 외르스테드의 위대한 발견 때문이다. 프랑스의 수학자 조제프 라그랑주(Joseph Lagrange, 1736~1813)는 "그러한 우연은 그 일에 몰두하는 사람에게만 주어진다"라고 했다.

비록 전자기장을 발견한 것은 외르스테드였지만 그는 이 분야에서 이룬 것이 거의 없었고, 실제로 이 분야를 발전시킨 것은 앙페르였다.

참고하기 플레밍의 법칙 ▶ 140

올베르스의 역설

★ 하인리히 올베르스(Heinrich Olbers, 1758~1840)

밤하늘은 왜 컴컴한가?

믿을 수 없이 간단한 이 질문은 수 세기 동안 천문학자들을 괴롭혀왔다. 그리고 그 답은 '밤에는 태양이 지구 반대쪽에 있기 때문이다'가 아니다.

올베르스는 만일 수없이 많은 별들이 우주에 균일하게 흩어져 있다면 밤하늘은 태양의 표면과 동일한 정도로 밝아야 한다는 사실을 지적했다. 그는 밤하늘이 어두운 것은 별과 별 사이의 공간에 빛이 흡수되기 때문이라고 믿었다.

그러나 그는 틀렸다. 올베르스의 질문은 천문학자들이 은하가 지구에서 멀어지고 있으며, 우주는 팽창하고 있다는 사실을 발견하게 된 1929년까지 역설로 남아 있었다. 은하가 우리에게서 멀어지는 속도는 매우 빠르기 때문에 우리 눈에 와 닿는 빛의 양이 적어진다. 더욱이 이 빛들은 스펙트럼 내에서 근소하게 적색 쪽으로 치우쳐 있는데(적색편이), 적색광은 청색광에 비해 적은 에너지를 갖고 있다. 이러한 두 가지 이유로 멀리 떨어진 은하에서 우리에게 오는 빛의 양은 현저하게 줄어든다. 또한 같은 이유로 우리는 오직 가까이에 있는 별에서 오는 빛만을 인식할 수 있는데, 어두운 밤하늘에 점처럼 반짝이는 별들이 바로 그것이다. 만일 우주가 정지된 상태로 무수히 많은 별들이 균일하게 분포해 있다면, 우리의 눈은 모든 별에서 오는 빛을 인식할 수 있을 것이며, 하늘은 어디나 동일하게 밝을 것이다.

참고하기 허블의 법칙 ▶ 185

카르노순환

니콜라 카르노(Nicolas Carnot, 1796~1832)

카르노순환은 가장 효과적인 가역 열기관의 운행 원리다. 이는 온도에 따른 엔진의 열효율의 원리를 설명해준다. 이 순환은 4단계로 이루어져 있는데, 고온에서는 단열 압축과 등온 팽창이 일어나며, 저온에서는 단열 팽창과 등온 압축이 일어난다(단열 반응: 열기관의 외부와 내부 사이에 열 교환이 일어나지 않는 반응, 등온 반응: 온도 변화가 없는 반응)

카르노순환은 열역학 발전에 중요한 역할을 담당했다.

카르노는 24세 때 증기 기관의 효율에 대한 공부를 시작했다. 4년 후, 그는 저서 『불의 원동력에 대한 고찰 Réflexions sur la puissance motrice de feu』(이하 『고찰』)을 통해 훗날 열역학의 기초가 된 자신의 발견을 발표했다. 카르노는 열기관의 원동력(puissance motrice, 일 혹은 에너지를 의미)이 높은 온도에서 낮은 온도로 열이 하강하면서 나온다고 설명했다. 이는 마치 물레방아가 높은 곳에서 낮은 곳으로 떨어지는 물의 힘에 의해 원동력을 얻는 것과 마찬가지다.

과학자들은 1878년 카르노의 동생이 카르노순환에 대한 이론이 적힌 노트를 발견한 후에야 비로소 『고찰』의 진가를 알아봤다. 카르노가 『고찰』을 출간한 뒤, 죽기 전 어느 한 시점에 썼을 이 노트는 또한 열에너지가 어느 정도의 기계적 에너지를 갖는가에 대한 정확한 값을 보여준다.

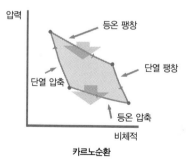

카르노순환

앙페르의 법칙

★ 앙드레 앙페르(André Ampére, 1775~1836)

두 전선에 서로 같은 방향으로 전류가 흐르면 두 전선은 서로를 끌어당기고, 반대 방향으로 전류가 흐르면 서로 밀어낸다. 이러한 인력과 척력은 전류의 세기에 비례하고, 두 전선 사이 거리의 제곱 값에 반비례한다

이 법칙은 전자기학이라는 새로운 연구 영역을 발전시켰다.

프랑스의 물리학자 프랑수아 아라고(François Arago, 1786~1853)는 1820년 외르스테드의 전선과 나침반에 관한 실험에 대해 듣고는 프랑스의 과학 아카데미에서 그 실험을 재현했다. 앙페르는 이 실험의 증인이었다. 앙페르는 자기 효과가 전류의 원운동의 결과라고 추론했다. 이 효과는 전선이 코일 형태로 감겨 있을 때 증가했다. 작은 쇠막대기를 코일 안에 넣으면 쇠막대기는 자석이 된다. 어렸을 때부터 물리학뿐만 아니라 수학에도 정통했던 앙페르는 외르스테드의 실험에 대해 알게 된 지 일주일 만에 이에 대한 설명을 담은 논문을 과학 아카데미에 제출했다. 앙페르의 연구는 1827년에 출간한 저서 『전기역학 현상의 수학 이론에 대한 연구 Mémoire sur la théorie mathématique des phénomènes électrodynamique』에 실려 있다. 앙페르의 이름은 전류의 흐름을 측정하는 단위의 이름(ampere, '암페어'라고 하며 기호는 A)이 되었고, 또한 모든 사람이 아는 용어 중 하나가 되었다('앰프'라는 단어를 들어보지 못한 사람이 있을까?).

참고하기 옴의 법칙 ▶ 87

자기장　　　전류

옴의 법칙

게오르크 옴(Georg Ohm, 1789~1854)

전도체 내의 전류는 전압에 비례한다

공식으로 표현하면 $V=IR$이다. 여기서 I는 전류를, V는 전압을 의미하며, R은 저항을 나타내는 상수다.

1827년, 옴이 『수학적으로 연구한 갈바니회로 Die galvanische Kette : mathematisch bearbeitet』에서 자신의 법칙을 발표했을 때, 많은 사람들이 그의 책을 보잘것없는 공상 정도로 취급했다. 독일의 한 목사는 "이런 이단 학설을 주장하는 물리학자는 과학을 가르칠 자격이 없다"라고 비난하기까지 했다.

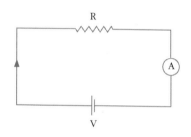

옴의 이름은 오늘날 전기 저항의 단위명(ohm, '옴'이라고 하며 기호는 Ω)으로 기려지고 있다. 위의 공식을 각각의 단위를 사용해 표현하면 '볼트=암페어×옴'이된다. 이것은 이 공식과 관련된 각기 국적이 다른(이탈리아, 프랑스, 독일) 세 명의 과학자의 이름이다.

참고하기 갈바니와 볼타의 전류에 대한 개념 ▶ 70 앙페르의 법칙 ▶ 86

전기의 정체를 규명하라

현대인의 일상생활에서 전기가 없는 삶은 상상할 수조차 없지만, 지금과 같은 고도의 과학기술의 시대가 아니었던 고대에는 생활 속에서 전기라는 존재와 맞닥뜨리는 것 자체가 희귀한 일이었다. 그래서 최초로 발견된 전기 현상은 비교적 발견하기 쉬운 사례인 '정전기'였다. 고대 그리스의 탈레스가 기원전 600년경 호박(琥珀)을 모피에 문질렀을 때 깃털처럼 가벼운 물체들을 끌어당긴다는 사실을 발견한 것이 최초의 전기 현상 관찰로 여겨진다.

전기에 대한 본격적인 연구가 시작되는 것은 16세기에 와서였다. 호박을 문지르면 발생하는 전기를 '일렉트론'이라 부른 길버트는 전기 검사 장치까지 고안해내 각종 물질의 전기적 성질을 연구했다. 1733년 프랑스의 뒤페는 물체를 문질러 전하를 띠게 된 물체가 어떤 물체는 끌어당기고(인력) 어떤 물체는 밀어내는(척력) 것을 발견해 전기에는 두 종류가 있다고 제안했다. 이 두 종류는 후에 벤저민 프랭클린(Benjamin Franklin, 1706~1790)에 의해 양의 전하와 음의 전하로 불리게 된다.

1767년엔 조지프 프리스틀리(Joseph Priestley, 1733~1804)가 전하 사이에 작용하는 인력은 두 전하 사이의 거리에 반비례한다는 사실을 확인했고, 이것이 1785년에 가면 전하를 띤 물체 사이에 인력과 척력이 작용할 때, 그 힘의 크기는 전하의 곱에 비례하며, 전하(물체) 사이의 거리의 제곱에 반비례한다는 쿨롱의 법칙으로 확립된다.

전기는 사람들에게 신비와 호기심의 대상이었기에, 실제 사람들을 대상으로 (오늘날 같으면 절

대 일어나지 않았을) 대담한 실험이 이뤄지기도 했다. 1734
년과 1745년, 1746년에 그레이와 뮈스헨브룩, 놀레가
각각 시도한 실험이 대표적인 예다. 전기 충격을 처음
겪은 이들은 다시는 겪고 싶지 않은 지독한 경험을
한 셈이지만, '라이덴 용기'의 경우처럼 전기가 물
이 담긴 용기에 저장될 수 있음을 알게 되는 소득이
있기도 했다.

　이런 일련의 실험이 이어지면서 사람들은 '전기의
흐름', 즉 전류가 어떻게 이루어지고 작용하는지에 대해
큰 관심을 갖게 된다. 그레이는 1734년 전기가 먼 거리까지
전달될 수 있다는 사실과 물체 중에는 전기를 잘 전달하는 '도체'와 잘 전달하지
못하는 '부도체'가 있음을 밝혔다. 오늘날에는 전류가 통하는 과정을 '도체 내의
두 점 사이의 전기적인 위치에너지(전위)의 차이(전위차)로 인해 전위가 높은 곳에
서 낮은 곳으로 전하가 이동'하는 것으로 설명하고 이 전위차를 '전압'이라고 한
다. 그러나 인류는 볼타가 최초의 전지를 완성해 전류를 발생시키는 데 성공한
1800년에 와서야 전류가 통하는 작용을 규명할 수 있었다. 그리고 1827년에는 옴
이 도체 내의 전류는 전압에 비례한다는 법칙을 확립했다.

　이렇게 전류에 대한 사실들이 속속들이 밝혀지면서, 전기를 이용한 산업화의 시
대가 본격적으로 도래하게 됐다. 특히 험프리 데이비는 1807년 탄산칼륨을 녹인
전해질에 전류를 통과시켜 금속칼륨을 분리하는 데 성공해 전기도금과 전해정련
등의 산업의 발판을 마련했고, 1808년에는 전기에서 빛과 열을 발생시키는 것을
증명했다.

　1789년 백열등을 발명한 에디슨은 전구소켓, 퓨즈, 직류발전소 등을 개발해냈지
만, 전기를 먼 거리로 송전할 때는 직류보다는 교류가 더 효율적이란 사실을 알지
못했다. 교류를 이용한 전동기는 1888년 테슬라에 의해 고안된다. 테슬라는 1896년
역사상 최초로 교류발전소에서 생산된 전기를 송전하는 데 큰 역할을 하게 된다.

브라운운동

★ 로버트 브라운(Robert Brown, 1773~1858)

유체 위에 떠 있는 작은 고체 입자들은 끊임없이 자유롭게 움직인다

이러한 움직임은 부유 입자와 유체 분자 간의 끊임없는 충돌 때문에 발생한다. 브라운운동의 간단한 예는 햇빛에 보이는 먼지의 움직임이다.

어느 여름날, 브라운은 현미경을 이용해 물 위에 떠 있는 매우 작은 꽃가루를 관찰하고 있었다. 그는 물결이 전혀 없는데도 꽃가루가 계속해서 불규칙하게 움직이는 것에 주목했다. 그는 물에 떠 있는 다른 먼지들도 연구했고, 그것들도 마찬가지로 자유롭게 움직인다는 것을 알았다. 그러나 그 움직임의 원인에 대해서는 설명할 수 없었다.

1905년, 아인슈타인은 브라운운동을 수학적으로 연구해서 원자와 분자의 크기와 질량을 근사치까지 계산하는 데 이용했다. 오늘날에는 브라운이 보았던 꽃가루의 움직임이 물 분자가 불규칙하게 꽃가루에 충돌하기 때문이라는 것을 안다.

1801년부터 브라운은 인베스티게이터(Investigator) 호를 타고 오스트레일리아로 향한 매슈 플린더스(Matthew Flinders, 1774~1814)의 항해에 식물학자로 참가했다. 그는 4,000종이 넘는 식물을 가지고 영국으로 돌아왔는데, 이 중에서 반 이상이 학계에 알려지지 않은 종이었다.

브라운은 또 다른 발견으로도 유명하다. 그것은 모든 세포에 들어 있는 작은 구조물로서, 우리는 아직도 브라운이 붙인 이름을 그대로 쓰고 있다. 바로 핵(nucleus, '작은 땅콩'이라는 뜻의 라틴어)이다.

라이엘의 균일설

찰스 라이엘(Charles Lyell, 1797~1875) ★

무수히 오랜 기간을 고려할 때
지구의 변화와 관련된 지질 현상은 현재 일어나는 과정과 동일하다

라이엘의 이론은 허턴의 균일론을 확대·개정한 것이다.

오늘날에는 지구의 역사가 46억 년이라는 것이 상식이지만, 19세기만 해도 대부분의 사람들은 지구의 역사가 6,000년 정도라고 생각했다. 또 산이나 계곡이 형성되는 것과 같은 지질 현상은 노아의 홍수와 같은 자연재해에 의한 결과라고 생각했다. 이러한 이론을 격변설(catastrophism)이라고 한다.

라이엘은 1830년에서 1833년까지 세 권 분량으로 출간한 저서 『지질학의 원리 Principles of Geology』에서 수 세기 동안 내려온 이러한 믿음을 깨고, 지구의 역사는 매우 오래되었으며 끊임없이 변화한다고 제안했다. 허턴이 죽던 해에 태어난 라이엘은 허턴의 균일론을 받아들이고 광대한 관측 자료를 바탕으로 균일설을 주장했다. 다윈 또한 라이엘의 이론 증명 방법에 영향을 받아서 자신의 저서인 『종의 기원』을 쓸 때 이 방법을 이용했다.

라이엘의 저서는 지질학에서 가장 영향력 있는 책으로 인정받고 있으며, 그는 현대 지질학의 아버지라 불린다. 라이엘이 남긴 말 중에는 "현재는 과거의 열쇠다"라는 유명한 말이 있다.

참고하기 허턴의 균일론 ▶ 67

패러데이의 전자기 유도 법칙

★ 마이클 패러데이(Michael Faraday, 1791~1867)

도체 주변에 놓인 자기장의 변화는 도체 내에 전류를 발생시킨다. 이때 전압의 크기는 자기장의 변화 속도에 비례한다

이러한 현상을 전자기 유도(electromagnetic induction)라고 부르며, 이때 발생하는 전류를 유도 전류(induced current)라고 한다. 전자기 유도 현상은 발전기와 모터의 원리다.

패러데이는 쇠고리 주위에 절연된 전선 코일 두 개를 서로 반대되는 방향으로 감았다. 이 중 하나의 코일은 전지에 연결했고, 또 다른 코일은 나침반 바늘 위에 놓인 철사에 연결했다. 그는 전류가 일정하게 흐를 때는 아무런 변화가 없지만, 전류를 껐다 켰다 할 때는 나침반의 바늘이 움직이는 것을 발견했다. 1831년 8월 29일, 패러데이의 어설픈 실험 장비는 마침내 자석에서 전기를 만들어내는 역사를 쓰게 되었다.

이에 관해 한 가지 일화가 있다. 영국의 재무부 장관이던 윌리엄 글래드스턴 (William Gladstone, 1809~1898)이 패러데이의 전자기 유도에 대한 증명 실험이 끝난 후 이렇게 물었다. "그런데 도대체 그런 것이 뭐에 도움이 됩니까?" 이에 대해 패러데이는 "아직은 저도 잘 모르겠습니다. 하지만 언젠가는 당신이 이것에 세금을 매기게 될 것입니다"라고 재치 있게 대답했다.

러시아의 물리학자였던 하인리히 렌츠(Heinrich Lenz, 1804~1865)는 패러데이의 법칙을 확장해 1834년에 자기장을 변화시켜 얻은 전류는 원래의 자기장과는 반대의 자기장을 형성한다는 사실을 발견했다. 이것이 오늘날 렌츠의 법칙으로 알려진 것이다. 이 법칙은 사실 르샤틀리에의 원리를 전류와 자기장에 적용한 것이다.

어릴 때부터 집안이 가난했던 패러데이는 정규 교육을 거의 받지 못했고, 일찍부터 일을 해야만 했다. 그는 책을 만들기도 하고 팔기도 하는 곳에서 일을 하면서 틈틈이 책을 읽었고, 그중에서도 특히 화학과 전기 분야의 책들에 매료되었다. 패러데이는 우연한 기회에 런던 왕립연구소에서 험프리 데이비의 화학 강의를 듣고, 그의 조수가 되어 화학을 공부하게 되었다. 당시에 패러데이는 특수강 연구, 염소의 액화 연구, 벤젠의 발견 등 실험화학자로 명성을 얻었다. 이후 그의 관심사는 점차 화학에서 전기로 옮겨갔다. 외르스테드와 앙페르의 실험에 자극받은 패러데이는 전자기 유도 법칙은 물론, 패러데이의 법칙이라 불리는 전기 분해의 법칙 등을 발견했고, 그 외에도 패러데이효과, 반자성의 발견 등 과학 분야에 중요한 공헌을 했다.

참고하기 패러데이의 전기 분해의 법칙 ▶ 99 르샤틀리에의 법칙 ▶ 136

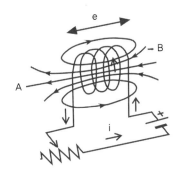

그레이엄의 확산의 법칙

★ 토머스 그레이엄(Thomas Graham, 1805~1869)

동일한 조건에서 기체가 확산되는 속도는 그 밀도의 제곱근에 반비례한다

예를 들어, 동일한 온도와 압력 조건에서 수소는 산소에 비해 네 배나 빨리 확산된다.

기체는 정해진 부피가 없고 그것들을 담고 있는 용기 전체를 가득 채운다. 예를 들어, 향수병의 뚜껑을 열어놓으면 향수는 증발해 이윽고 방 안 전체에 고르게 퍼진다. 이렇듯 기체 입자가 퍼지는 현상을 확산(diffusion)이라고 한다. 그레이엄은 어느 날 수소가 담긴 병이 물속에 떨어졌을 때, 깨진 틈을 통해 공기가 병 안으로 들어가는 속도보다 수소가 병 안에서 나오는 속도가 더 빠른 것을 보았다. 이 사건으로 가벼운 기체가 더 빨리 확산된다는 결론을 얻었다. 이후 추가적인 실험을 통해 그는 기체 확산의 법칙을 추론해냈다.

그레이엄의 엄격한 아버지는 그가 성직자가 되기를 바랐지만, 그는 아버지의 바람을 거부하고 글래스고대학교에 입학해 과학을 공부했다. 뛰어난 실험가였지만 무서운 교수였던 그레이엄은 오늘날 콜로이드(colloid) 화학의 아버지로 추앙받는다(콜로이드는 혼합물의 일종으로, 공기 중에 탄소 입자가 떠다니는 담배 연기가 좋은 예다). 1854년에는 어떤 물질은 반투막을 통해 통과하는 반면 어떤 물질은 통과하지 못한다는 자신의 이론을 바탕으로 삼투압 과정을 고안하기도 했다. 그는 당시 분자를 거르는 체로 이용되던 황소의 방광막으로 실험을 했다. 이 과정을 통해 그는 오줌에서 요소를 추출하는 데 성공했다.

가우스의 법칙

카를 가우스(Carl Gauss, 1777~1855) ★

폐쇄된 표면 위로 지나는 전속(electrical flux)은 표면 내의 전하의 합에 비례한다

전기장은 전기력선을 그려서 표현할 수 있다. 이때 전기력선이 촘촘하게 나타나면 전기장의 세기가 센 것이며, 듬성듬성 나타나면 전기장의 세기가 약한 것이다. 전속은 단위 면적을 지나는 전기력선의 수를 계산한 것이다.

가우스의 법칙은 전하와 전기장의 관계를 서술한 것으로, 쿨롱의 법칙을 더 우아하게 표현한 것이다.

가우스는 아르키메데스, 뉴턴과 함께 역사상 가장 위대한 수학자 중 한 사람으로 꼽힌다. 1937년에 출간된 수학자들의 전기 『수학의 사람들 Men of Mathematics』에서 에릭 벨(Eric Bell, 1883~1960)은 "수학 분야의 모든 곳에 가우스가 살고 있다"라고 서술했다.

가우스는 수학계의 모차르트라 불릴 정도로 신동이었다. 1779년의 어느 날, 당시 세 살이었던 그는 아버지가 직원들에게 줄 급료를 세고 있는 것을 보았다. 그의 아버지는 계산이 길어지면서 실수를 했다. 그러자 꼬마 아이는 "아빠, 그 계산은 틀렸어요. 계산치는 ……이어야 해요"라고 했고, 놀란 아버지가 신중하게 계산을 다시 해보니 신동 아들의 계산이 옳았다. 또한 그의 나이 10세 무렵에 '1부터 100까지의 합을 구하라'는 문제를 10초 만에 풀었다는 일화는 유명하다. 다른 친구들이 숫자 하나하나의 합을 더하는 동안 그는 $1+100=101$, $2+99=101$, $3+98=101$ ······ 이라는 식을 만들어 총합이 $50\times101=5,050$이라는 답을 구했던 것이다.

갈루아의 이론

★ 에바리스트 갈루아(Évariste Galois, 1811~1832)

어떠한 방정식의 해답들과, 그 해답들이 어떻게 다른가는 서로 연관되어 있다

갈루아의 탁월하면서도 복잡한 이론은 여러 가지로 응용될 수 있다. 예를 들면, '자와 컴퍼스로 어떠한 정다각형까지 그릴 수 있는가' 와 같은 오래된 수학 난제를 푸는 것 등이다. 그의 이론은 비극과도 같은 기원을 가지고 있다. 그의 이론 대부분이 그가 죽기 바로 전날 밤 급하게 갈겨쓴 편지에서 소개된 것이다.

갈루아는 학창 시절 수학에 관한 책을 탐독하는 데 열중했다. 그의 나이 17세 때, 그는 처음으로 수학 논문을 저술해 유명한 수학자인 과학 아카데미의 오귀스탱 코시(Augustin Cauchy, 1789~1857)에게 보냈으나 분실되었다. 1년 후, 그는 또 다른 논문을 아카데미의 책임자였던 조제프 푸리에(Joseph Fourier, 1768~1830)에게 보내 수학 분야의 상금을 탈 수 있는지 물어보고자 했지만, 그 논문을 소개하기도 전에 푸리에가 죽고 말았다.

갈루아는 열정적인 공화파였다. 1831년 왕과 함께 하는 저녁 식사에 배석한 그는 칼을 든 채 잔을 들었다가 왕을 살해하려 한다는 혐의로 체포되었다. 그는 풀려난 후, 한 여자와 사랑에 빠졌지만 여자의 약혼자에게서 결투 신청을 받게 되었다. 결투 전날, 갈루아는 자신의 이론에 대해 급하게 써 내려갔다. 다음 날 아침, 그는 배에 총탄을 맞았고 그다음 날 사망했다. 그가 형제에게 남긴 유언은 다음과 같았다. "울지 말게. 나도 20세에 죽기 위해서는 용기를 내야 한다네."

갈루아는 군(群, 하나의 연산에 대해 닫혀 있는 집합)의 개념을 처음으로 도입해 대수방정식을 비롯한 기하학, 물리학 등의 다양한 분야에 영향을 주었다.

보몬트의 위액에 대한 실험

윌리엄 보몬트(William Beaumont, 1785~1853) ★

위액은 화학 용액의 일종으로 염산이 주요 성분이다. 소화는 하나의 화학 반응이다

보몬트는 위액이 물처럼 불활성이라는 일반적인 견해를 폐기하고, 자연 상태에서 가장 일반적인 용매라고 발표했다. 가장 단단한 뼈조차도 위액에서는 견딜 수 없다.

1822년, 보몬트는 미시간 주의 미군 외과군의관이었다. 그는 사고로 총을 맞은 환자 하나를 맡았는데, 환자의 폐와 위의 체액이 상처를 통해 흘러넘치는 것을 보았다. 그는 그 상처를 씻기고 붕대를 감아주었지만, 환자가 살 수 있으리라고는 기대하지 않았다. 당시 18세의 프랑스계 캐나다인이었던 환자 알렉시 생마르탱(Alexis St. Martin)은 튼튼한 젊은이로 회복되었지만, 그의 위장에는 구멍이 남았다. 보몬트는 그 상처를 금속판으로 막았고, 생마르탱은 건강하게 살면서 결혼해 네 아이의 아버지가 되었다. 보몬트에게는 생마르탱의 몸이 걸어 다니는 실험실이었다. 이후 8년 동안 그는 수백 회의 실험(음식물들을 비단에 매달아 생마르탱의 위장에 담가서 어떻게 소화가 진행되는지를 관찰하는 것 등등)을 수행하고 위액 및 소화 작용에 대한 방대한 양의 자료를 모았다. 1833년 보몬트는 자신이 발견한 내용을 『위액과 소화 작용에 대한 관찰 및 실험 Experiments and Observations on the Gastric Juice and the Physiology of Digestion』이라는 저서를 통해 발표했고, 의학계에서 유명인사가 되었다.

배비지의 계산기

★ **찰스 배비지**(Charles Babbage, 1791~1871)
에이다 러블레이스(Ada Lovelace, 1815~1852)

오늘날의 계산기처럼 이 기계는 숫자를 기억하는 저장 장치(메모리)와 계산을 하는 장치 그리고 천공 카드를 이용한 숫자 입력 장치와 결과를 출력하는 장치로 이루어져 있었다

이 기계는 오직 수학 계산만을 할 수 있었다.

수학자이자 발명가였던 배비지는 세 개의 차분 기관(수학 및 항해에 사용되는 도표를 계산해서 출력하는 기구)을 고안했지만, 그중 어느 것도 실제로 만들지는 않았다. 그는 또한 계산기를 고안했다. 그는 수천 개의 부품에 대한 상세한 도면을 그렸지만, 이 중 겨우 몇 개만을 만드는 데 그쳤다. 그의 연구는 당시의 기술을 크게 앞선 것이었을 뿐 아니라 빅토리아 시대의 기술로는 정확한 기계 부품을 공급할 수도 없었다.

1991년, 배비지의 탄생 200주년을 기념해 영국 과학박물관에서는 그의 기계 중 차분 기관 2번을 제작했다. 그 기계의 계산 장치는 무게만 2.6톤에 달했고 2,400개의 부품으로 이루어져 있었다.

수학자이자 세계 최초의 컴퓨터 프로그래머인 러블레이스는 배비지의 기계에 대해 이렇게 언급했었다. "이 기계는 아무것도 창조해낼 수 없습니다. 하지만 이 기계를 작동시키기 위해 우리가 알아야 하는 모든 문제들을 처리할 수는 있습니다." 시인 조지 바이런(George Byron, 1788~1824)의 딸이었던 러블레이스는 배비지와 가깝게 지내면서 그의 차분 기관과 계산기에 대한 소개 및 홍보를 맡았는데, 러블레이스의 글엔 최초의 프로그래밍 기술에 대한 묘사가 실려 있다.

패러데이의 전기 분해의 법칙

마이클 패러데이(Michael Faraday, 1797~1867) ★

제1법칙 _ 전기 분해에 의해 발생하는 물질의 양은 사용된 전기의 양에 비례한다
제2법칙 _ 발생하는 물질의 양은 그 물질의 그램당량(equivalent weights)에 비례한다

위의 설명은 패러데이의 원래 표현을 따른 것이다. 오늘날에는 그램당량이라는 단어 대신 몰(mole)이라는 단어를 사용한다.

패러데이는 처음으로 용액 내에서 전류가 흐르는 물질과 그렇지 않은 물질을 구분했다. 그는 전해질(electrolyte, 전기에 의해 느슨해진다는 의미)이라는 단어와 이온(ion, 방랑자라는 의미)이라는 단어를 만들었다. 패러데이의 가장 영향력 있는 발견은 전기 모터와 발전기, 변압기 등의 기초가 된 전자기학 분야에서였지만, 그의 전기 분해의 법칙은 오늘날 도금 산업의 시초가 되었다.

패러데이는 질적으로뿐 아니라 양적으로도 대단한 실험가였다. 그는 매일 자신의 실험에 대한 상세한 기록을 남겼다. 그의 노트를 보면 그가 42년간 16,041회의 실험을 했음을 알 수 있다. 그는 수천 번의 실험을 통해 하나라도 진정 중요한 발견을 하게 된다면 그것으로 만족한다고 말버릇처럼 얘기했다. 그는 앞치마를 입고 직접 자신의 손으로 실험을 하는 스타일이었다. 그의 실험실 조수인 나이 많은 은퇴 군인 앤더슨 상사와 관련해서도 재밌는 일화가 있다. 앤더슨은 맹목적인 복종을 미덕으로 삼는 사람이었다. 하루는 패러데이가 앤더슨에게 퇴근하라고 말하는 것을 잊었는데, 다음 날 아침 패러데이가 출근해보니 앤더슨은 그때까지 계속 일하고 있었다.

전기 용량의 단위인 패럿(farad, 기호는 F)은 패러데이의 이름을 딴 것이다.

코리올리의 힘

★ 가스파르 드 코리올리(Gaspard de Coriolis, 1792~1843)

지구 표면에서는 지구의 자전 방향과 직각으로 작용하는 가상의 힘이 존재하며, 이 힘은
물체의 이동 방향이 지구의 자전 방향과 반대로 휘도록 한다

위와 같은 힘이 실재하는 것은 아니고, 단지 지구 자전에 의해
가상의 힘이 존재하는 것과 같은 효과를 보이는 것이다.

지구의 남반구에서는 지구가 항상 오른쪽으로 회전을 한다. 따라서 지표면을
따라 움직이는 물체는 왼쪽으로 휘는 것처럼 보일 것이다. 북반구에서는 반대로
물체가 오른쪽으로 휜다. 여기서 물체의 방향이 휘는 것은 실제로 휘는 것이 아니
다. 이것은 총알은 똑바르게 날아가지만 목표물이 오른쪽으로 휘는 것과 같은 효
과다. 코리올리효과는 지구 상에서 자유롭게 움직이는 모든 물체에 영향을 끼친
다. 물체는 빨리 움직일수록 더 많이 휘는 것과 같은 영향을 받는다. 코리올리효
과는 적도에서는 0이다.

코리올리효과는 대기와 해양에서 특히 중요하다. 예를 들면, 남반구에서는 공
기가 고기압에서 저기압으로 이동할 때 시계 방향으로 회전하며 이동하지만, 북
반구에서는 반시계 방향으로 회전하면서 이동한다. 회전의 정도는 공기가 이동하
는 속도와 위도에 따라 달라진다. 마찬가지로 바람도 적도 근처에서보다 극지방
근처에서 불 때 더 많이 휜다. 그러나 변기의 물이 빠질 때 남반구에서는 시계 방
향으로, 북반구에서는 반시계 방향으로 돌면서 내려간다는 이야기는 사실이 아니
다. 이 경우에는 코리올리효과가 매우 미미해서 중력과 같은 다른 힘에 묻히기 때
문이다. 코리올리의 힘은 중력에 비해 3,000만 배 작다. 마찬가지로 돼지 꼬리도
북반구와 남반구에서 서로 반대 방향으로 휘는 것은 아니다.

100
175개 핵심 이론으로 배우는 과학 지도 그리기

바위스 발롯의 법칙은 기상도에서 각 지역의 바람 방향을 표시하는 데 사용된다. 네덜란드의 기상학자 바위스 발롯(Buys Ballot, 1817~1890)이 고안한 이 법칙은 남반구에서 관찰자가 바람을 등지고 섰을 때, 관찰자의 오른쪽 기압이 왼쪽에 비해 더 낮다는 것이다. 북반구에서는 왼쪽 기압이 더 낮다. 1853년, 이와 비슷한 법칙이 미국의 교사 겸 기상학자인 로버트 코핀(Robert Coffin, 1801~1878)에 의해 고안되었다.

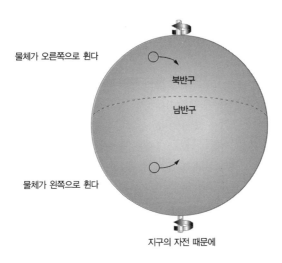

물체가 오른쪽으로 휜다

북반구

남반구

물체가 왼쪽으로 휜다

지구의 자전 때문에

아가시의 빙하기 이론

★ 장 아가시(Jean Agassiz, 1807~1873)

과거 6억 년 동안 지구 상에는 열일곱 번의 빙하기가 있었다

빙하기는 광대한 얼음이 육지의 상당 부분을 덮었던 시기를 말한다.

1837년, 스위스의 알프스 산맥에서 휴가를 즐기던 자연과학자 아가시는 주변의 바위에 깊은 홈과 긁힌 자국들이 있는 것에 주목했다. 그는 이러한 자국들이 움직이는 얼음에 의해 생겼으며, 고대의 어느 한 시기에 유럽 전 지역이 얼음에 덮여 있었다는 참신한 아이디어를 내놓았다. 이러한 아이디어에서 그는 빙하가 빙하기의 산물이라는 이론을 세웠다. 오늘날에는 빙하기에 대해 이보다 많은 것이 알려져 있지만, 여전히 과학자들은 빙하기의 원인이 무엇인지 모른다. 빙하기의 원인으로 꼽히는 몇몇을 살펴보면, 지구의 궤도 변화, 대륙 이동, 대기 중의 이산화탄소 농도 변화 그리고 우주선(cosmic ray, 우주에서 끊임없이 지구로 내려오는 매우 높은 에너지의 입자선) 등이 있다.

플라이스토세(신생대 제4기의 첫 시기, 약 200만 년 전부터 1만 년 전까지의 시기)부터 시작된 가장 최근의 빙하 시대를 살펴보면, 네 번의 순환 주기를 보였으며 이 중 가장 마지막 주기는 4만 년 전에서 1만 년 전까지의 시기였다. 현재는 비교적 따뜻한 간빙기로, 점차 빙하기로 바뀌는 중에 있다. 오늘날에는 지구의 약 10퍼센트가 얼음으로 덮여 있지만, 빙하기에는 대륙의 30퍼센트 정도가 얼음으로 덮여 있었다.

베르셀리우스의 동소체 개념

옌스 베르셀리우스(Jöns Berzelius, 1779~1848) ★

한 원소는 둘 이상의 다른 특성을 가진 형태로 존재할 수 있다

다양한 형태의 원소가 동소체로 알려져 있다. 예를 들면, 흑연, 다이아몬드 그리고 풀러린(fullerene) 등은 탄소의 세 가지 결정 동소체이며, 유리와 석영은 유리의 비결정 동소체와 결정 동소체다.

베르셀리우스는 화학 반응을 통해 석탄을 흑연으로 바꾸었고, 어떤 원소들은 두 개 혹은 그 이상의 다른 성질을 갖는 형태로 존재한다고 주장했다. 그러나 베르셀리우스는 화학 분야에서 동소체 발견보다 더 큰 기여를 했다. 원자를 표현하는 새로운 언어를 제공한 것이다.

돌턴이 물질의 기본 단위로 원자 개념을 내놓았을 때, 그는 원자를 표시하는 데 원 모양의 기호를 사용했다. 베르셀리우스는 돌턴의 성가신 기호 체계를 약칭으로 된 화학 기호 체계로 바꾸었다. "원소의 이름과 연관성도 없고 일반적인 필기체보다 클 수밖에 없는 기호를 그리는 것보다 원소 이름의 머리글자를 쓰는 일이 더 쉽다. 따라서 나는 각 원소의 라틴어 이름의 첫 글자로 원소 기호를 삼았다. 만일 첫 두 글자가 같으면 첫 글자와 철자가 다르게 나타나기 시작하는 첫 글자를 합쳐서 이름으로 삼았다"라고 그는 말했다. 오늘날에는 모든 나라에서 이 베르셀리우스식 명명법을 따르고 있다. 또 그가 탄소 동소체를 발견한 것은 화학자들이 탄소 동소체뿐 아니라 다른 여러 원소의 동소체도 발견하게 한 계기가 됐다.

도플러효과

★ **크리스티안 도플러**(Christian Doppler, 1803~1853)

음원이나 광원이 관찰자에게서 멀어지면 관찰자가 느끼는 파장의 주파수가 변화한다

　　　　　　예를 들면, 기차가 플랫폼에 서 있는 사람 곁을 지나갈 때, 기차의 기적 소리는 사람에게 다가올 때는 높아지다가 사람을 지나 멀어질 때는 낮아진다.

　도플러는 음원이 관측자에게 다가올 때 음파의 간격이 짧아지고 이로 인해 고음이 된다고 설명했다. 음원이 멀어지면 음파의 간격은 길어지고 이로 인해 저음이 되는 것이다. 도플러효과는 음원은 정지해 있고 관측자가 움직일 경우에도 발생한다.

　1845년 네덜란드의 기상학자였던 발롯은 도플러효과를 시험해보기 위해 흥미로운 실험을 했는데, 교향악단의 트럼펫 주자를 지붕이 없는 열차에 태우고 소리를 내면서 네덜란드의 시골 마을인 위트레흐트(Utrecht)를 지나게 했다. 이 실험에서 당연히 도플러의 이론이 옳았음이 증명되었다.

　도플러는 또한 광파에 대해서도 동일한 효과가 나타날 것으로 추측했지만, 이에 대한 설명은 하지 못했다. 1848년 피조는 다른 별에서 날아오는 빛에 도플러효과가 적용된다는 것을 보였다.

참고하기 올베르스의 역설 ▶ 84

열역학 제1법칙

율리우스 마이어(Julius Mayer, 1814~1878) ★

열은 에너지의 한 형태이며, 에너지는 보존된다

위의 설명을 공식으로 나타내면, $\Delta E = H - W$이다. 이때, ΔE는 역학시스템 내부 에너지의 변화량이며, H는 역학시스템으로 유입된 열에너지, W는 역학시스템이 수행한 일이다(물리학에서 그리스어 델타 Δ는 양의 변화를 의미한다).

위의 제1법칙은 물리학의 위대한 법칙 중 하나다. 단순히 보면, 에너지는 새로 생겨나거나 사라지는 것이 아니라 다른 형태로 변환된다는 에너지 보존 법칙을 다시 진술한 것이다.

마이어는 물리학의 기초 지식이 없는 의사였다. 그가 인도양을 항해하는 네덜란드 선적에서 의사로 근무할 때, 마이어는 선원들의 피가 유달리 붉은 색을 띤다는 점에 주목했다. 그는 열대 지방의 열이 신진대사를 증가시켜 그 결과로 선원들의 피에 산소가 증가한 것이라고 결론을 내렸다. 잉여의 산소량이 더 붉은 빛을 띠게 했다는 것이다. 그는 한 걸음 더 나아가 근육 활동 역시 열을 발생시키고, 따라서 일과 열 사이에는 관계가 있을 것이라고 추론했다.

마이어의 추론과 이후 줄의 열의 일당량 연구를 통해, 이전까지 물질로 여겨졌던 열이 실제로는 에너지라는 것이 밝혀지면서 열과 에너지 사이의 관계가 명확해졌고, 역학적 에너지에만 적용되던 에너지 보존 법칙이 열에너지까지 확장되었다. 줄은 오늘날 열역학 제1법칙의 창시자로 알려져 있다.

참고하기 줄의 열의 일당량 ▶ 107

흑점 순환 주기

★ 하인리히 슈바베(Heinrich Schwabe, 1789~1875)

육안으로 확인이 가능한 흑점은 11년을 주기로 규칙적으로 변화한다

흑점을 연구한 최초의 과학자는 1612년 직접 제작한 망원경으로 흑점을 관측한 갈릴레오지만, 아마추어 천문학자인 슈바베는 자신의 이론을 발표하기까지 17년 동안 거의 매일 흑점에 대한 자세한 기록을 남겼다. 그는 이후에도 25년간 흑점 관측을 계속했다.

흑점은 태양의 환한 표면에 주근깨처럼 박혀 있다. 태양에서 방출되는 자기장은 태양 주변의 뜨거운 기체의 흐름을 억눌러서 비교적 온도가 낮은 지역이 생기게 하는데, 이로 인해 광구라 부르는 태양 표면의 얇은 층에 검은 부분이 나타난다. 흑점은 그 크기가 1,000킬로미터에서 4만 킬로미터에 달하고, 며칠에서 몇 달간 지속된다.

흑점의 순환 주기는 태양 활동의 최고조와 최저조로 인해 발생한다. 최저조 때는 몇몇 개의 흑점만이 발생하지만, 최고조 때는 흑점과 태양 불꽃의 수가 눈에 띄게 증가하는데, 이때 나타나는 불꽃은 흑점에서 막대한 양의 에너지가 방출되기 때문에 발생한다. 태양 불꽃은 자외선과 X선의 방출을 급격하게 변화시키기도 한다.

슈바베에 의해 이 주기가 알려진 이래, 많은 과학자들이 흑점의 순환 주기가 지구의 날씨와 기후에 영향을 줄 것으로 생각했다. 그러나 이들 사이의 관계는 아직 완전히 밝혀지지 않았다.

줄의 열의 일당량

제임스 줄(James Joule, 1818~1889) ★

특정한 양의 일은 그 일당량에 해당하는 열량을 발생시킨다

현대 과학에서 쓰는 표현으로 말하면, 4.18줄(joule, 에너지의 절대 단위로 기호는 J)의 일은 1칼로리의 열을 발생시킨다.

1798년, 럼퍼드 백작은 기계적인 일이 열로 변환될 수 있다고 주장했다. 이 아이디어에 끌린 줄은 수천 번의 실험을 통해 어느 특정한 양의 일이 얼마만큼의 열량을 발생시키는가를 측정하고자 했다. 이를 위해 그는 도르래에 추를 걸어서 물속에 잠긴 물레방아를 돌렸는데, 이때 물과 물레방아 사이의 마찰로 인해 물의 온도가 근소하게나마 올라갔다. 이 실험에서 일의 양은 추의 무게와 추가 움직인 거리를 통해 계산할 수 있는데, 이 양과 물의 온도를 올리는 데 소모된 열량이 같은 것이다. 열의 일당량은 한마디로 서로 같은 에너지의 변화를 가져오는 일의 양과 열량 사이의 비를 의미한다.

줄은 스위스로 떠난 신혼여행에조차 알프스에 있는 폭포수의 온도를 측정하기 위해 긴 온도계를 가지고 갈 정도로 자신의 실험에 집중했다고 한다.

줄은 한 맥주 제조업자의 아들로 태어났다. 15세 때까지 아버지의 맥주 공장에서 일하면서 맥주의 정확한 온도를 측정하는 기술을 배웠다. 열의 일당량을 측정하는 모든 실험은 온도의 근소한 증가를 측정할 수 있는 그의 능력으로 인해 성공할 수 있었던 것이다. 그는 의심할 여지 없이 훌륭한 자질을 지닌 실험가였으며, 오늘날 그의 이름은 일이나 에너지의 양을 측정하는 단위로 사용된다.

키르히호프의 법칙

★ **구스타프 키르히호프**(Gustav Kirchhoff, 1824~1887)

제1법칙(교차점의 법칙) _ 전기 회로 내의 한 교차점에서, 교차점으로 들어오는 전류의 합은
교차점에서 나가는 전류의 합과 같다
제2법칙(루프의 법칙) _ 고리 형태의 닫힌 전기 회로에서 각 지점의 전압의 합은 0이다

이 법칙은 옴의 법칙을 확장한 것으로, 전기 회로 내의 전류와
전압을 계산하는 데 사용된다.

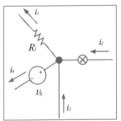

어느 교차점으로 들어오는 전류
는 교차점에서 나가는 전류와 같
다. $i_1 + i_4 = i_2 + i_3$

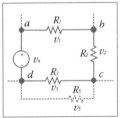

고리 모양 주위의 모든 전압의
합은 0이다. $v_1 + v_2 + v_3 + v_4 = 0$

키르히호프는 쾨니히스베
르크대학교의 학생 시절에
이 공식을 만들었다.

키르히호프는 또한 열을
잘 발산하는 물체가 흡수도
잘한다는 사실을 증명했다.
이를 키르히호프의 복사 법
칙이라고 한다. 예를 들면,
검은 옷은 열을 잘 발산하는

만큼 잘 흡수하기도 한다는 것이다. 그러나 더운 여름날 검은 옷을 입으면 덥게
느껴진다. 그 이유는 공기 중의 온도가 신체 내부의 온도보다 높기 때문에 이 경
우 검은 옷을 통해 발산되는 열보다 흡수되는 열의 양이 많기 때문이다.

참고하기 키르히호프·분젠의 분광 이론 ▶ 120

절대 영도

월리엄 톰슨(켈빈 경으로 알려짐, William Thomson, 1824~1907) ★

-273.15도에서는 분자의 운동, 즉 열이 0이 된다

이때의 온도를 절대 영도라 하며, 이론적으로 최저 온도의 하한선이다.

절대 영도는 에너지의 양이 무한히 작은 상태이기 때문에 근접할 수는 있어도 절대로 도달할 수는 없다. 절대 영도를 기준으로 한 온도를 켈빈온도 혹은 절대온도라고 하며, 섭씨온도의 표기인 °C 대신 K(켈빈)로 표시한다. 1K가 증가하는 열량은 1°C 증가하는 열량과 같다.

어떠한 물체가 절대 영도가 되는 데 필요한 에너지를 영점에너지(zero point energy)라고 한다. 하이젠베르크의 불확정성 원리에 따르면, 원자와 분자는 반드시 특정 수준의 에너지가 있어야 존재할 수 있다. 그 에너지의 최저 수준을 바닥상태(ground state)라고 부르며, 이보다 높은 에너지 수준을 들뜬상태(excited states)라고 부른다.

톰슨은 당시에 가장 위대한 물리학자였다. 그는 글래스고대학교의 교수로 53년 동안 재직했지만, 강의에는 소질이 없었다. 자신의 실험에 너무 몰두한 나머지, 수업 중에도 새로운 아이디어가 떠오르면 강의 중이라는 사실을 까맣게 잊곤 했다. 물론 그가 엉터리 교수였다는 것은 아니다. 단지 실험에 대한 열정이 너무 순수하고 강했던 것이다. "과학은, 나타날 수 있는 모든 문제에 대해 두려움 없이 맞설 수 있는 용기가 있는 자에게 명예를 허락한다." 톰슨의 말이다.

피조의 빛의 속도 측정을 위한 실험

★ 아르망 피조(Armand Fizeau, 1819~1896)

처음으로 빛의 속도를 측정하는 데 성공한 실험이다

이 실험 이전에는 빛의 속도는 무한하다고 알려져 있었다.

피조는 파리의 몽마르트르 전망대와 8.67킬로미터 떨어진 쉬렌(Suresnes) 언덕 사이에서 이 실험을 했다. 그는 몽마르트르 전망대에 720개의 홈이 있는 회전하는 톱니바퀴를, 쉬렌에는 거울을 설치했다. 톱니바퀴가 정지해 있을 때, 빛은 톱니바퀴의 홈 사이로 통과했다가 반사되어 돌아왔다.

톱니바퀴가 천천히 돌아갈 때에는 빛이 사라졌다가, 빠르게 돌자 다음 홈을 통해 다시 빛이 나타났다. 피조는 톱니바퀴의 회전 속도를 초당 25회전까지 돌리면서 이를 관측했다. 이 실험에서 빛이 8.67×2킬로미터의 거리(몽마르트르와 쉬렌 사이를 왕복하는 거리)를 이동하는 데 걸린 시간은 1/25×1/720초였다. 이 값을 계산해보면 초속 312,320킬로미터가 나온다(오늘날 알려진 정확한 빛의 속도는 초속 299,792킬로미터다).

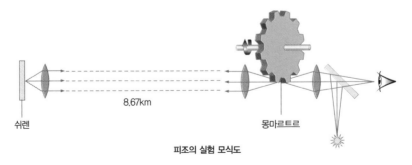

쉬렌   8.67km   몽마르트르

피조의 실험 모식도

푸코의 진자

레옹 푸코(Léon Foucault, 1819~1868) ★

푸코의 진자는 단순한 추다. 긴 줄의 끝에 무거운 추가 달려 있다. 단지 줄의 다른 쪽 끝이
천장에 매달려 있어서 어느 방향으로든 움직일 수 있다는 점만이 다르다

푸코의 진자는 지구의 자전을 증명했다.

1851년, 뛰어난 물리학자였던 푸코는 파리
에 있는 팡테옹에서 길이 67미터의 줄과 28킬
로그램의 대포알을 천장에 매달고 대중들 앞에
서 실험을 했다. 대포알 끝에는 침을 매달고,
바닥에는 모래를 뿌려서 추의 궤적을 확인하도
록 했다. 그가 추를 움직이기 시작하자, 바늘은
서서히 모래 위에 두 개의 날이 달린 프로펠러
모양의 그림을 그리기 시작했으며, 이를 통해
지구가 축을 기준으로 자전한다는 사실이 증명
되었다.

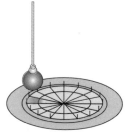

푸코의 진자

푸코의 추가 한번 움직이기 시작하면, 추는 같은 방향으로 왕복 운동을 하는 것
이 아니라 돌아가는 것처럼 보인다. 추가 한 시간 동안 돌아가는 각도는 $15\sin\theta$
의 공식으로 계산할 수 있는데, 이때 θ는 관찰자가 위치한 지구 상의 위도를 넣으
면 된다. 즉 위도에 따라 추의 회전 속도가 달라지므로 추가 한 시간 동안 도는 각
도도 달라진다. 북극이나 남극에서는 추가 하루에 한 번씩 360도 회진을 하지만,
적도에서는 전혀 회전을 하지 않는다.

열역학 제2법칙

루돌프 클라우지우스(Rudolf Clausius, 1822~1888)

열은 자연적으로는 차가운 물체에서 뜨거운 물체로 이동하지 않는다

역사적으로 많은 열역학 제2법칙의 정의가 있었으며, 각각은 모두 다른 시대, 다른 과학자들에 의해 만들어졌다.

이 법칙은 자연에서 많은 과정들이 불가역 반응, 즉 절대로 거꾸로는 일어나지 않는 반응이라는 것을 말해준다. 예를 들면, 연료를 태우면 영원히 그 연료를 잃게 되며, 오믈렛은 결코 다시 계란으로 돌아갈 수 없고, 외부에서 에너지를 받지 않는 격리된 기관은 영구적으로 움직일 수 없다는 것 등이다. 이는 또한 시간의 방향을 정의하는 것이기도 하다(시간은 절대로 거꾸로 흐르지 못한다).

클라우지우스는 열의 동력에 관한 카르노의 이론을 연구하고, 카르노의 이론과 에너지 보존이라는 개념(마이어와 줄의 열의 일당량 개념) 사이에 모순이 존재하는 것을 발견했다. 그는 이러한 모순을 극복하기 위해 1850년에 「열의 동력과 그로부터 도출되는 열의 법칙에 대하여 Über die bewegende Kraft der Wärme」라는 논문을 발표함으로써, 열역학 제2법칙을 정식화했다.

1865년, 클라우지우스는 어떠한 체제의 무질서도 또는 자유도를 측정하는 단위로 엔트로피(entropy)라는 단어를 사용했다. 자유도나 무질서도가 증가할수록 엔트로피가 커진다는 것이다. 예를 들어 얼음은 낮은 엔트로피를 갖고 있으며, 엔트로피가 증가하면 얼음은 녹아서 물이 되고, 더욱 증가하면 물은 수증기가 된다. 엔트로피는 불가역 반응이며 항상 증가한다. 따라서 전 우주의 엔트로피는 계속 증가하고 있다. 클라우지우스는 "우주의 에너지는 일정하다. …… 우주의 엔트로피는 최대치를 향해 증가하는 경향이 있다"라고 했다.

열역학 제3법칙은 독일의 과학자 발터 네른스트(Walther Nernst, 1864~1941)가 정식화한 것으로, 아무리 물체의 온도가 낮아져도 절대 영도에 도달하는 것은 불가능하다는 정의다. 이 온도는 –273.15도다.

미국의 SF 소설가인 존 캠벨(John Campbell, 1910~1971)은 열역학 법칙들에 대해 다음과 같은 해석을 내놓기도 했다.

열역학 제1법칙 : 당신은 이길 수 없다.

열역학 제2법칙 : 당신은 비길 수도 없다.

열역학 제3법칙 : 그렇다고 게임을 그만둘 수도 없다.

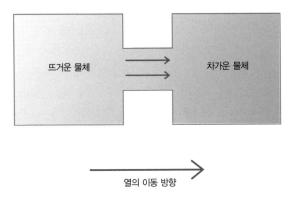

자연 상태에서 열은 뜨거운 물체에서 차가운 물체 방향으로만 흐른다. 자연계는 무질서도가 증가하는 방향으로만 움직이는데, 이러한 불가역 반응을 엔트로피라고 한다.

프랭클랜드의 원자가 이론

★ 에드워드 프랭클랜드(Edward Frankland, 1825~1899)

어떠한 원소가 다른 원소와 결합할 수 있는 능력은 그 원소가 다른 원소와 연결될 수 있는 화학적 연결 고리의 수에 의해 결정된다

이러한 결합 능력을 오늘날에는 원자가(valency 혹은 valence) 라고 부른다. 원자가의 개념은 근대 구조화학의 기초를 이루었다.

오늘날 원자가는 어떤 원소의 원자가 화합물을 이루기 위해 얻거나 잃는, 혹은 다른 원자와 공유하는 전자의 수로 정의된다. 원자가는 원자가 불활성 기체의 안정된 전자 상태로 있게 한다(즉, 원자의 최외곽 전자껍질이 가득 찬 상태가 되도록 한다). 예를 들면, 물 분자(H_2O)에서 수소(H^+)는 +1의 원자가를 가지며, 산소(O^{2-})는 −2의 원자가를 갖는다. 이들이 결합할 때, 두 개의 수소 원자는 각각 한 개씩의 전자를 잃게 되며, 산소 원자는 이들로부터 두 개의 전자를 얻게 된다. 대부분의 원소는 정해진 원자가(나트륨=+1, 염소=−1 등)를 가지지만, 몇몇은 여러 개의 원자가(철=+2, +3)를 갖는다. 원자가는 또한 각 원소가 이온이 될 때 띨 수 있는 전하량을 의미하기도 한다.

유기화학자였던 프랭클랜드는 학생들에게 원자가 이론을 가르치는 데 그친 것이 아니라, 결합(bond)이라는 단어를 도입해서 평상시 화합물의 구조를 표시하는 데 사용했다. 예를 들면, H−O−H처럼 말이다.

프랭클랜드의 원자가 개념은 당시 화학자들에게 즉각 받아들여지지는 않았다. 그러나 몇 년 후 케쿨레에 의해 발전되었다.

불의 논리

조지 불(George Boole, 1815~1864) ★

> 논리 작용은 일반적인 언어보다는 수학적인 공식에 의해 표현될 수 있으며
> 일반적인 수학 해결 방법으로 풀 수 있다

불의 이론은 오늘날 수학 분야에서 불의 대수라 불리는 독특한 규칙과 법칙, 이론을 갖는 새로운 영역의 기초를 마련했다. 오늘날, 불의 대수의 가장 중요한 응용 분야는 컴퓨터 회로와 인터넷 검색 엔진이다.

모든 컴퓨터 회로는 온(on)과 오프(off)의 두 상태 중 하나로 작용하며, 각각 1과 0으로 표시될 수 있다. 이 두 개의 수는 2진법 혹은 비트(bit)로 알려져 있다. 불의 대수는 세 개의 주요 논리 작용(NOT, AND, OR)을 갖는다. 예를 들어, NOT 상태에서는 입력한 내용이 항상 출력된 내용의 반대다. 따라서 NOT은 1을 0으로, 0을 1로 바꾼다.

불은 독학으로 수학을 공부한 후, 인근의 마을 학교에서 교사로 재직했다. 그가 1847년에 처음으로 『논리의 수학적 분석 Mathematical Analysis of Logic』이라는 책을 냈을 때, 그는 요크 지방에 있는 퀸스칼리지(Queen's College)의 수학교수 자리를 제안받았다. 1854년, 그는 불의 대수의 기초를 마련한 역작 『생각의 법칙에 관한 연구 An Investigation into the Laws of Thought』를 냈다. 그로부터 3년 뒤에는 왕립학회의 일원으로 선출됐다.

불의 대수의 중요성은 첫 번째 컴퓨터가 만들어졌을 때 알려지게 되었다. 오늘날, 컴퓨터는 불이 고안한 1과 0의 언어로 대화한다.

영국

다윈의 진화론

★ 찰스 다윈(Charles Darwin, 1809~1882)

오늘날의 모든 종은 자연선택의 과정을 통해 더 간단한 형태에서 진화되어왔다

생물은 오랜 시간에 걸쳐 변화해왔으며, 오늘날의 생물체는 과거에 살았던 생물체와 다르다. 또한 과거에 살았던 많은 생물들이 오늘날 멸종되었다.

사람이 유인원에서 진화했다는 의견을 들은 어느 주교 아내의 반응은 다음과 같았다고 한다. "그것은 사실이 아니라고 생각해요. 만일 그것이 사실이라면 세상에 알려지지 않길 바라야겠지요."

이것은 다윈의 기념비적 작품인 『자연선택에 의한 종의 기원에 대하여 On the Origin of Species by means of Natural Selection』(줄여서 『종의 기원』)가 1859년 출판되었을 때 사람들이 보인 격렬한 반응의 한 예다. 이 책은 출간된 첫날 모두 팔렸으며, 이후로 계속해서 출간되고 있다. 많은 사람들이 진화론을 강하게 반대했다. 모든 생물체는 오늘날 존재하는 모습대로 신이 창조했고 어떠한 변화도 겪지 않았다는 종교적인 믿음과 충돌한다고 생각했기 때문이다. 다윈의 이론은 끊임없이 사회적, 과학적 논쟁을 불러일으켰다.

다윈은 이 책에서 인간의 진화에 대해 언급하지는 않았다. 1871년에 출간한 『인간의 혈통 The Descent of Man』이라는 책에서 인간이 유인원에서 진화했을 것이라는 생각을 발표했다.

오늘날의 진화론은 다음의 내용을 담고 있다.

• 어떠한 종의 구성 개체들은 형태와 행동에서 다른 양식을 보이며 몇몇 변화는 유

175개 핵심 이론으로 배우는 과학 지도 그리기

전된다.

- 모든 종은 자연환경이 유지할 수 있는 그 이상의 자손을 생산한다.
- 몇몇 개체는 주어진 환경에서 다른 개체에 비해 더 잘 생존하도록 진화한다. 이를 적자생존이라고 한다. 이 말의 의미는 각각의 종이나 개체들 내에서 가장 적절하게 진화한 종이나 개체가 생존할 확률이 더 크다는 것이다.
- 환경에 가장 적합한 변화는 다음 세대의 더 많은 개체들에게서 재현된다.
- 이처럼 생존과 번식에 가장 잘 적응한 개체가 자연적으로 선택된다(자연선택).
- 생물의 사슬에 대한 자연적인 선택은 종 변화의 결과나 돌연변이 등을 통해 환경에 대해 더 나은 적응을 한 새로운 종의 진화를 야기한다.

DNA에 관한 지식 같은 현대 생물학의 발전은 진화론을 더욱 발전시켰다. 그러나 오늘날 진화론에 대한 견해는 여전히 자연선택을 통한 진화가 우연히 발생하거나 오랜 기간에 걸쳐 서서히 발전한다는 다윈의 이론에 그 기초를 두고 있다.

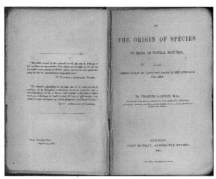

「종의 기원」의 표지

진화에서 DNA까지

생물을 분류하는 기본 단위인 '종(種)'이라는 개념이 처음으로 명확히 정립된 때는 1686년이다. 박물학자였던 레이가 '서로 교배해서 2세를 낳을 수 있는 개체로 이루어진 생물의 개체군'을 '종'이라고 정의한 것이다. 1735년에는 린네가 '이명법'을 제안해 동식물 2만여 종의 학명을 명명하여 동식물의 분류를 체계화하는 데 지대한 역할을 맡았다.

이렇게 생물의 종에 관한 연구 결과들이 속속 발표되자, 이제 학자들은 생물 종의 내력과 조상에 대해 관심을 갖기 시작한다. 1809년엔 라마르크가 "한 세대에서 획득한 형질은 다음 세대로 유전될 수 있다"라는 획득형질의 유전 이론을 주장했다. 그리고 1859년엔 드디어 다윈이 『종의 기원』이라는 책을 통해 "오늘날의 모든 종은 자연선택의 과정을 통해 더 간단한 형태에서 진화해왔다"라는 진화론을 발표한다. 생물의 종은 처음 창조된 이후로 본질적인 변화가 없었다고 믿었던 사람들에게 다윈의 진화론은 큰 충격으로 다가왔다.

그러나 다윈의 이론은 유전이 어떻게 이루어지는지를 명확히 밝혀내지 못했다. 다윈은 부모의 형질이 반반씩 자손에게로 전달된다는 융합유전을 주장했는데, 만약 그의 주장대로라면 그 개체의 집단은 후대로 갈수록 변이가 희석돼버린다는 결과가 나오게 된다.

다윈의 융합유전을 거부했던 학자가 바로 멘델이었다. 1865년 멘델은 우열의 법칙, 분리의 법칙, 독립의 법칙을 발표했는데, 유전자가 서로 융합되지 않고 독립적으로 전달돼 형질상의 변이가 자손대까지 이어짐을 자세한 실험을 통해 밝혔다. 멘델의 유전 법칙이 휘호 더

프리스(Hugo de Vries, 1848~1935)와 같은 후배 학자들에 의해 인정을 받게 되자, 이제 사람들은 그 유전자의 정체를 밝히는 노력에 관심을 기울이게 된다.

이 유전자의 정체와 관련해서는 '염색체(chromosome)'의 존재가 핵심적인 역할을 했다. 현미경 기술이 발달함에 따라 세포핵 내부의 염색체의 존재가 발견됐는데, 생식세포의 염색체 수가 체세포의 절반이라는 것이 밝혀져 세포학자들의 많은 관심을 끌었던 것이다.

그러다가 1902년과 1903년, 각각 테어도어 보베리(Theodor Boveri, 1862~1915)와 월터 서턴(Walter Sutton, 1877~1916)이 세포분열 연구의 결과를 내놓으면서 멘델이 주장한 유전자가 염색체를 통해 운반된다고 추론했고, 1908년부터 초파리를 통해 교배 실험에 매진한 토머스 모건(Thomas Morgan, 1866~1945)은 성염색체의 존재를 발견해 염색체가 유전자를 운반하는 물질임을 증명했다.

이제 과학자들의 관심은 유전자를 구성하는 물질로 쏟아진다. 사실 DNA는 1869년 요한 미셰르(Johann F. Miescher, 1844~1895)에 의해 추출된 바 있지만, 학계에서는 그것이 유전자라는 데까지는 생각지 못했다. 오히려 당시에는 단백질 분자야말로 유전 물질이라는 추론이 가장 강력한 지지를 얻고 있었다. 그러다가 1952년 앨프리드 허시(Alfred Hershey, 1908~1997)와 마사 체이스(Martha Chase, 1927~2003)가 대장균 내 박테리오파지의 증식 실험을 통해 DNA가 유전 물질임을 결정적으로 밝힌다.

그리고 그 이듬해인 1953년 DNA의 유전 메커니즘이 밝혀지게 된다. X선결정학의 권위자였던 로절린드 프랭클린(Rosalind Franklin, 1920~1958)이 찍은 DNA의 X선 회절 사진을 밑거름 삼아 왓슨과 크릭이 DNA의 이중나선 구조를 규명해낸 것이다. 그들이 밝혀낸 DNA 사슬의 염기 배열과 결합 양상은 DNA가 유전 물질로서 어떻게 복제되는지를 보여주었다.

DNA 구조 발견으로 촉발된 생명공학의 발전은 오늘날 난치병의 치료를 비롯한 의학의 발전과 삶의 질 향상이라는 희망적인 메시지를 던져주는 한편, 인간배아줄기세포 연구 등을 둘러싸고 윤리적인 논란을 불러일으키기도 한다.

키르히호프·분젠의 분광 이론

★ 로베르트 분젠(Robert Bunsen, 1811~1899)
　 구스타프 키르히호프(Gustav Kirchhoff, 1824~1887)

화학 원소에 열을 가해 연소시키면
각 원소는 스펙트럼상에서 고유한 빛깔의 띠를 발생시킨다

예를 들어 나트륨은 두 개의 황색광의 띠를 보인다.

　학교의 화학 실험실에서 작업해본 경험이 있는 사람이라면 누구나 분젠 버너를 기억할 것이다. 이것은 위대한 교수이자 실험가였던 분젠이 1855년에 발명한 것이다. 불꽃 반응(어떠한 물질을 태웠을 때 나오는 불꽃의 색을 보고 금속의 존재 유무를 파악하는 테스트)에서 분젠 버너의 무색 불꽃은 시료에 의해 나타나는 불꽃색에 영향을 미치지 않는다.

　분젠은 24세 때 실험을 하다가 한쪽 눈을 잃었다. 그는 독신 생활을 즐겼으며, "나는 결혼할 시간도 없다"라고 말하곤 했다. 분젠이 화학과 교수로 재직했던 하이델베르크대학교의 한 동료의 아내는 분젠이 매우 매력적이어서 키스하고는 싶지만, 그러기 위해서는 먼저 분젠을 씻겨야 할 것이라고 말하기도 했다.

　분젠은 하이델베르크대학교의 물리학과 교수였던 키르히호프의 친구였다. 분젠과 키르히호프는 함께 빛의 스펙트럼을 발생시켜 관찰하는 세계 최초의 분광기(spectroscope)를 개발했다. 그들은 이 분광기를 이용해 세슘(caesium, 1860)과 루비듐(rubidium, 1861)의 두 원소를 발견했다.

　1860년, 키르히호프는 물질을 연소시켰을 때 각각의 화학 원소가 스펙트럼상에서 고유한 빛깔의 띠를 발생시킨다는 기념비적인 발견을 했다. 이는 각각의 원소가 특정 파장의 빛을 발산한다는 의미였다. 그는 직관적으로 더 나아가 특정 파장의 빛을 발산하는 물질이나 원자는 마찬가지로 그 파장의 빛을 흡수한다고 밝혔다. 예를 들어보자. 나트륨의 경우 588나노미터(nanometer, 빛의 파장을 나타내는 단위로 1나노미터는 1미터의 10억분의 1이며 기호는 nm이다)와 589나노미터의 파장을 갖는 두 개의 띠를 보인다. 태양의 스펙트럼에는 여러 개의 검은 띠가 보이는데, 이것들은 나트륨의 파장대에 해당한다. 이로써 태양에는 나트륨이 존재한다는 것을 알 수 있다. 분광기를 통해 다른 별에 존재하는 원소까지도 알아낼 수 있는 것이다.

아시모프는 이와 관련한 일화를 들려준다. 키르히호프 전담 은행 직원은 키르히호프가 태양에 존재하는 원소를 알아낼 수 있다고 해도 크게 감명받지 않았다고 한다. 그 직원은 "태양에 금이 있으면 무슨 소용입니까, 그것을 지구로 가지고 올 수 없는데……"라고 했다. 그러자 키르히호프는 연구를 통해 수상한 금메달을 직원에게 건네며 이렇게 말했다고 한다. "여기 태양에서 가져온 금입니다."

■참고하기■ 키르히호프의 법칙 ▶ 108

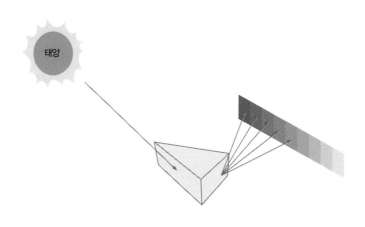

키르히호프와 분젠의 실험

맥스웰방정식

★ 제임스 맥스웰(James Maxwell, 1831~1879)

전기장과 자기장의 작용을 수학적으로 표현한 네 개의 공식

이 공식은 또한 빛이 전기장과 자기장에 관련되어 있음을 보여준다.

이 공식은 복잡하게 표현되지만, 간단히 말하면 다음과 같다. (1) 전기장과 전하량 사이의 일반적인 관계, (2) 자기장과 자극 사이의 일반적인 관계, (3) 자기장이 전기장을 발생시키는 과정, (4) 전류 혹은 전기장의 변화가 자기장을 발생시키는 과정.

이 공식은 또한 전자기장의 존재를 예측했는데, 전자기장은 빛의 속도로 이동하며 전기장과 자기장은 서로 직각을 이룬 채 조화 진동을 한다는 것이다. 맥스웰은 이러한 네 개의 공식을 1864년에 발표한 논문 「전자기장의 역학 이론 A Dynamical Theory of the Electromagnetic Field」에서 제시했다.

맥스웰은 학창 시절 그다지 똑똑한 편은 아니었다. 그러나 아버지가 그를 에든버러의 왕립학회에서 열린 과학 강연에 데려갔을 때 비로소 과학에 흥미를 갖게 되었고, 자신의 첫 번째 논문(타원을 그리는 방법에 대한 내용)을 14세 때 발표하기에 이른다. 맥스웰의 과학적 업적은 뉴턴 혹은 아인슈타인과 비견된다.

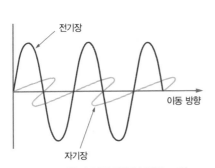

전기장

이동 방향

자기장

자기장과 이로 인한 전기장의 변화를 보여주는 그림

175개 핵심 이론으로 배우는 과학 지도 그리기

멘델의 유전의 법칙

그레고어 멘델(Gregor Mendel, 1822~1884) ★

> **분리의 법칙** _ 유성 생식을 하는 생물체의 경우, 두 개의 유전자가 각각 고유의 특성을 발현한다. 두 개의 유전자 중 오직 하나만이 한 생식세포에 나타날 수 있다
> **독립의 법칙** _ 서로 상반되는 특성을 갖는 유전자쌍은 다른 유전자쌍과 결합할 수 있다

이 법칙은 오늘날 유전학의 기초를 놓았다.

식물학자이자 성 아우구스티누스회의 수도사였던 멘델은 정원에 나 있던 완두콩을 실험에 이용했다. 그는 씨앗의 모양, 씨앗의 색, 꼬투리(pod)의 모양, 꼬투리의 색, 꽃의 색, 꽃의 위치 그리고 줄기의 길이 등 일곱 가지 서로 다른 특성을 지닌 개체를 교배함으로써 나타나는 효과에 대해 알아보고자 했다. 그는 7년 동안 28,000개의 완두콩에서 나타나는 유전 특성을 정확하게 기록했다. 그는 이 결과에 수학적인 분석 방법을 적용시켰다. 이 분석을 통해 그는 몇몇 특성들이 부모 세대에서 자녀 세대로 전달되는 어떠한 요소 때문임을 발견했다. 이러한 요소를 오늘날에는 유전자(gene)라고 부른다. 또 몇몇 요소들은 우세하게 작용하는 반면(우성유전자), 어떤 요소들은 열등하게 발현된다(열성유전자)는 것을 발견했다(우열의 법칙).

멘델은 1865년에 자신의 결과를 브르노 자연사협회에서 「식물 잡종에 관한 연구 Versuche über Pflanzenhybriden」라는 제목으로 발표했고, 이듬해에 학회지에 게재했으나, 큰 주목을 받지 못했다. 멘델이 죽은 후 16년이 지난 1900년, 세 명의 유럽 과학자들이 각각 독자적으로 식물의 유전에 대한 실험을 진행하면서 이미 멘델이 밝혀놓았던 사실임을 알게 되었다.

파스퇴르의 질병의 세균병인설

★ **루이 파스퇴르**(Louis Pasteur, 1822~1895)

수많은 인간의 질병들은 모두 미생물에서 기인한다

이 이론은 19세기 과학계의 가장 위대한 업적 중 하나다.

화학자인 파스퇴르는 질병의 원인을 연구하는 데 온 생애를 바쳤다. 1856년, 그가 릴대학교의 화학과 교수로 재직하던 시절, 그는 부단초 뿌리(beetroot)에서 알코올을 생산하던 농민에게서 부단초 뿌리에 문제가 있다는 연락을 받았다. 파스퇴르는 수년간의 실험을 통해 발효 과정이 미생물에 의해 진행되었다는 사실을 증명했다. 1863년에는 포도주와 맥주를 간단히 가열하는 것만으로도 세균을 죽일 수 있다는 사실을 보였고, 그 이래로 발효 과정의 마지막에는 살균 과정이 도입되었다. 저온살균법(pasteurization)이라 불리는 이 과정은 오늘날에도 여전히 식품 산업에서 사용된다.

이러한 실험을 통해 파스퇴르는 미생물이 인간의 질병을 유발한다고 믿게 되었고, 미생물을 죽일 수 있는 방법을 찾기로 작정했다(1865). 그는 닭콜레라를 유발하는 세균을 격리한 후, 그 배양액에서 이들 미생물의 성장을 억제하는 화학 물질을 발견했다. 1881년에는 자신이 발견한 화학 물질을 이용해 양이나 소의 질병인 탄저병에 대한 백신을 성공적으로 개발했으며, 1885년에는 인간의 질병인 광견병에 대한 백신도 개발했다. 역사상 처음으로 인간이 치명적인 질병을 이긴 순간이었다. 그러나 세균과 너무 치열하게 싸웠던 탓이었을까? 파스퇴르 자신은 감염을 우려해 악수하는 것도 꺼렸다.

1865

케쿨레의 유기화합물 이론

프리드리히 케쿨레(Friedrich Kekulé, 1829~1896) ★

4가의 원자가를 가지는 탄소는 고리 모양의 유기물을 합성할 수 있다

이 개념은 구조화학의 기초를 놓았다.

1860년대, 화학자들은 벤젠의 분자 구조가 C_6H_6라는 것은 알았으나, 여섯 개의 탄소가 어떻게 배치되는지는 몰랐다. 독일의 화학자 케쿨레는 탄소는 4가 (tetravalent)의 원자가를 갖고 있으므로 하나의 탄소 원자가 네 개의 원자와 결합할 수 있다는 사실까지 제안했지만 벤젠의 구조를 밝힐 수는 없었다.

케쿨레는 벨기에에서 화학과 교수로 재직하던 어느 날 벽난로 앞에 앉아서 잠깐 졸고 있었다. 그는 나중에 당시의 상황을 이렇게 회상했다. "의자를 벽난로 쪽으로 향하고 잠깐 졸고 있었는데, 갑자기 원자들이 내 눈앞을 어른거렸다. 긴 탄소 사슬이 말려지더니 뱀 모양으로 결합하는 것이 보였다. 그러고는 그 뱀 중 하나가 자기의 꼬리를 물고 내 눈앞에서 회전하기 시작하는 것이었다." 잠에서 깬 케쿨레는 벤젠 분자가 그림처럼 6각형의 고리 모양을 하고 있을 거라고 생각하게 됐다.

벤젠 분자

멘델레예프의 주기율표

★ 드미트리 멘델레예프(Dmitrii Mendeleev, 1834~1907)

원소의 특성은 그들의 원자량에 대해 주기적인 함수에 따라 정해진다

원자를 무게(즉 원자량) 순서로 정렬해놓으면, 원소들이 특성에 따라 자동으로 정리된다. 이러한 원소의 정렬을 주기율표라고 한다.

오늘날 주기율표의 원소들은 더 이상 원자의 무게 순서가 아니라, 좀더 기본적인 수치인 원자 번호에 따라 정렬된다. 원자 번호는 한 원소의 원자 내에 들어 있는 양성자의 개수로, 원자의 무게를 결정짓는 중성자의 개수는 고려하지 않는다. 현대의 주기율표에서 원소들의 특성은 그들의 원자 번호에 대해 주기적인 함수로 정해진다.

멘델레예프가 당시 알려져 있던 61개의 원소를 정리한 독특한 표를 발표한 것은 그의 나이 35세이던 1869년이었다. 그는 그때까지 발견되지 않은 원소의 칸은 빈칸으로 남겨놓으면서 "아직까지 발견되지 않은 원소에 대해서도 그 특성을 예측하는 것은 가능합니다"라고 자신 있게 말했다.

그의 예측은 빈칸 주위에 있는 원소의 특성을 기초로 한 것이었다. 심지어 그는 알려지지 않은 원소에 대해서 에카알루미늄(eka-aluminium), 에카보론(eka-boron), 에카실리콘(eka-silicon)과 같은 이름까지 붙였다(eka는 산스크리트어로 1을 뜻하는 접두어다). 1886년 갈륨(gallium, 기호는 Ga), 스칸듐(scandium, 기호는 Sc), 게르마늄(germanium, 기호는 Ge)의 발견으로 멘델레예프의 예측이 정확히 들어맞으면서, 그는 순식간에 세계에서 가장 존경받는 화학자가 되었다. 심지어 그는 러시아 황제의 존경까지 받았다.

"그렇다. 멘델레예프에겐 두 명의 아내가 있다. 그러나 내겐 오직 한 명의 멘델레예프만 있다." 멘델레예프가 첫 번째 아내와 합법적으로 이혼하지 않고 두 번째 아내와 결혼한 것에 대해 누군가 비난하자, 러시아의 황제 알렉산드르 2세(Aleksandr II, 재위 1855~1881)가 대답한 말이다.

멘델레예프의 주기율표는 새로운 원소를 찾는 데 이용되기 시작했다(그의 주기율표는 화학 분야에서 단독으로는 가장 유용한 개념일 것이다). 1925년이 되자 화학자들은 자연계에 존재할 것이라고 생각되는 모든 원소를 찾는 데 성공했다. 1940년에는 첫 번째 인조 원소인 넵투늄(neptunium, 기호는 Np)이 합성되었고, 그 후로 많은 원소들이 합성되어 주기율표에 이름을 올렸다.

1955년에 만들어진 원소 멘델레븀(mendelevium, 기호는 Md)은 다른 과학자들이 숨겨진 원소들을 찾을 수 있게 해준 멘델레예프의 업적을 기리기 위해 명명되었다. 만약 주기율표가 비치돼 있지 않은 화학 실험실이 있다면 그곳은 실험실이라 할 수 없다.

주기	1족	2족	3족	4족	5족	6족	7족	8족
1	수소=1							
2	리튬=7	베릴륨=9.4	붕소=11	탄소=12	질소=14	산소=16	플루오르=19	
3	나트륨=23	마그네슘=24	알루미늄=27.3	규소=28	인=31	황=32	염소=35.5	
4	칼륨=39	칼슘=40	?=44	티타늄=48	바나듐=51	크롬=52	망간=59	철=56
								코발트=59
								니켈=59
								구리=63

1869년에 발표된 멘델레예프의 주기율표 | 원자 무게 44에 해당하는 칸이 빈칸으로 남아 있다. 이 칸에 해당하는 원소는 1879년에 스웨덴에서 발견되었으며, 스칸듐이라 명명되었다.

슈테판·볼츠만의 법칙

★ 요제프 슈테판(Josef Stefan, 1835~1893)
루트비히 볼츠만(Ludwig Boltzmann, 1844~1906)

흑체에서 발산되는 총에너지는 흑체 온도의 4제곱에 비례한다(흑체란 유입되는 모든 복사에 너지를 흡수하는 이론상에서만 존재하는 물체다)

이 법칙은 슈테판의 실험을 통해 처음 발견되었지만, 볼츠만이 이론적으로 정립했다.

이 법칙은 실제로 수많은 적용 사례가 있지만,《응용광학 Applied Optics》11호 (1972)의 기사 「천국이 지옥보다 뜨겁다 Heaven is hotter than Hell」에서 가장 독특한 사례를 보인다. 이 기사는 『성경』의 「이사야서」 30장 26절 "달빛은 햇빛 같겠고 햇빛은 칠 배가 되어 일곱 날의 빛과 같으리라"를 인용하면서 시작된다.

위의 구절에 따르면, 천국은 우리가 태양에서 받는 만큼의 복사에너지를 달에서 받고, 거기에 지구가 태양에서 받는 복사에너지의 일곱 배의 일곱 배, 즉 49배를 태양에서 받기 때문에, 결국 천국은 지구보다 50배나 많은 복사에너지를 받게 된다. 천국으로 발산되는 복사에너지는 천국이 복사에 의해 잃는 에너지와 복사에 의해 얻는 에너지가 같아질 때까지 천국을 가열한다. 그렇지 않으면 천국은 지구가 잃는 것보다 50배나 큰 열을 잃게 된다. 슈테판·볼츠만의 법칙에서, 지구의 온도는 525도다. 「요한계시록」 21장 8절 "두려워하는 자들과 믿지 아니하는 자들과 …… 불과 유황으로 타는 못에 참예하리니"에 따르면, 지옥의 온도는 유황 또는 황의 끓는점인 445도보다 낮아야 한다. 그러므로 천국은 지옥보다 뜨겁다.

열복사 연구의 발전에 커다란 기여를 한 슈테판·볼츠만의 법칙은 1879년에 슈테판이 처음으로 발견했고, 5년 뒤인 1884년에 한때 슈테판의 제자였던 볼츠만이 열역학을 이용해 이론적으로 증명했다.

슈테판·볼츠만의 법칙을 공식으로 표현하면 $E=\sigma T^4$인데, 여기서 E는 흑체의 단위 면적에서 발산되는 복사에너지, T는 흑체의 절대온도, 시그마(σ)는 슈테판·볼츠만 상수다.

따라서 이 공식을 이용하면 복사에너지만 알아도 흑체의 온도를 알아낼 수 있다. 물론 유입되는 복사선을 모두 흡수하는 완전한 흑체는 현실적으로 존재하지 않지만 흑체에 가까운 물체는 많다. 태양 역시 흑체에 가까운 것으로 여겨지므로, 태양에서 나오는 총복사량을 측정하면 태양의 표면온도를 구할 수 있다.

또한 볼츠만은 맥스웰의 기체의 동역학 이론을 발전시켜 맥스웰·볼츠만 분포를 확립하면서 통계역학의 창시자 중 한 명이 되었다. 맥스웰·볼츠만 분포는 고전역학에 따르는 기체의 열평형 상태에서 분자의 확률 분포를 의미하는 것으로, 특정 온도에서 기체 분자가 어떠한 분포를 보이는지를 통계학적으로 계산한 것이다.

참고하기 기체의 동역학 이론 ▶ 57

레이놀즈의 수

★ 오즈본 레이놀즈(Osborne Reynolds, 1842~1912)

유체의 흐름에서, 가해지는 압력과 점성(viscosity, 유체의 속도 변화에 의해 유체 내부에 마찰이
생기는 성질로 유체의 움직임에 대한 저항을 말함)의 비

       레이놀즈의 수는 차원이 없는 수, 즉 단위가 없는 수다. 이 수
는 유체역학에서 중요한 의미를 갖는다.

    유체(액체와 기체)의 흐름에는 난류(turbulent)와 층류(laminar)가 있다. 난류는
유체가 요동을 치며 흐르는 불규칙한 상태, 층류는 매끄럽게 층을 이루며 흐르는
평형한 상태를 말한다. 대부분의 유체의 흐름은 난류이지만 유체가 흐르는 관(管)
의 내면과 같은 곳에서나 혈액이 모세관을 통과할 때는 층류가 된다.

    레이놀즈는 이런 유체의 흐름을 결정하는 수의 개념을 제시한 이론공학자다.
그는 「평행 수로에서 물의 움직임을 직선 혹은 곡선으로 결정짓는 환경과 저항의
법칙에 관한 실험 연구 An Experimental Investigation of the Circumstances Which
Determine Whether Motion of Water Shall Be Direct or Sinuous and of the Law of
Resistance in Parallel Channels」라는 긴 제목의 논문에서 유체가 층류에서 난류로
전이되는 것은 유체의 속도와 밀도, 점성도, 유체가 흐르는 관의 지름에 의해 결
정된다고 했다. 즉 유체의 속도에 밀도와 관의 지름을 곱한 값을 점성도로 나누면
난류와 층류의 경계가 되는 값이 나온
다. 이 값을 '레이놀즈의 수'라 하는데,
이 값이 2,000이 넘을 때는 난류, 2,000
보다 작을 때는 층류라고 할 수 있다.

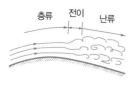

층류 전이 난류

유체의 속도

이온 해리에 대한 아레니우스의 이론

스반테 아레니우스(Svante Arrhenius, 1859~1927) ★

> 염화나트륨(소금)과 같은 이온화합물이 물에 녹으면, (+)이온과 (-)이온 간의
> 전기적 친화력이 약해져 이온이 분리된다. 예를 들어 염화나트륨(NaCl)은
> 나트륨이온(Na⁺)과 염소이온(Cl⁻)으로 나뉘게 된다

이 과정을 이온 해리라고 하며, 전기도금을 비롯한 여러 산업
과정에서 많이 응용된다.

이온화합물이 물 등의 용매에 녹으면 이온들이 분리된다(이온 해리). 이렇게 이
온이 해리된 물에는 전하를 띤 이온들이 존재하게 되므로 전류가 흐를 수 있게 된
다. 즉 전해질이 되는 것이다. 소금을 물에 녹이면 나트륨(Na^+)과 같은 (+)이온은
음극에 끌리고, 염소(Cl^-)와 같은 (-)이온은 양극에 끌린다. 반면 설탕은 물에 녹
아도 중성의 분자 상태로 존재해 전류가 흐르지 못하므로 이런 경우는 비전해질
이라 한다.

아레니우스는 또한 물에 녹을 때 수소이온(H^+)을 내놓는 물질을 '산'으로, 수
산화이온(OH^-)을 내놓는 물질을 '염기'로 정의했다. 그는 산·염기의 중성화 반
응을 수소이온과 수산화이온이 결합해 물(H_2O)을 형성하는 과정으로 설명했다.
아레니우스의 산·염기에 대한 개념은 오직 수용성 산과 염기에만 적용할 수 있는
좁은 범위의 정의다. 이 개념은 1923년에 브뢴스테드·로리의 산과 염기에 대한 개
념으로 대체된다.

아레니우스가 자신의 이론을 1884년 웁살라(Uppsala)대학교에 박사학위 논문
으로 제출했을 때는 크게 인정을 받지 못했다. 그러나 이후 그 공로를 인정받아,
결국 1903년에 노벨 화학상을 수상했다.

헤르츠의 전파

★ 하인리히 헤르츠(Heinrich Hertz, 1857~1894)

전파는 전광(electric spark)을 통해 생성될 수 있다. 전파는 빛과 같은 속도로 이동하며 빛과 같은 성질을 갖고 있다

　　　　　　헤르츠의 발견은 라디오 방송의 기초가 되었다. 전파는 일종의 전자기파다. 다른 종류의 전자기파로는 감마선, X선, 자외선, 가시광선, 적외선 그리고 단파(microwave)가 있다.

1864년에 발표된 맥스웰방정식은 전자기파의 존재를 보여주었으나, 아무도 그 존재를 증명하지 못했다. 그러던 중 1886년, 카를스루에(Karlsruhe) 공과대학교의 물리학교수 헤르츠가 묘한 파장을 발견했다. 그는 두 개의 황동구슬 사이에서 불꽃이 발생하도록 유도코일을 변형시키고(이때부터 이 방법은 전하를 증명하는 일반적인 방법이 되었다), 황동구슬을 서로 약간의 간격을 두고 유도코일에서 수 미터 떨어진 곳에 철사고리로 연결해놓았다. 그가 유도코일에 전류를 흘리자 놀라운 일이 벌어졌다. 떨어져 있던 철사고리에서 불꽃이 튀었던 것이다. 당시 그 자리에 있었던 그의 아내는 역사상 최초의 전파 방출의 증인이 되었다. 하나의 송신과 하나의 수신만이 있었다. 음악도 없었고, 토크쇼도 없었으며, 단지 작고 푸른 불꽃만이 있었다. 1886년 11월 1일자 헤르츠의 일기에는 다음과 같이 기록되어 있다. "곧게 뻗은 철사에서 수직적인 전기 진동 발견, 파장은 3미터."

이 불꽃은 전자기파가 존재한다는 사실을 증명했다. 1년 후, 헤르츠는 그 파장의 길이를 측정하는 데 성공했으며, 그 속도가 빛의 속도라는 것도 증명했다. 그 후로도 계속되는 실험으로 전자기파는 빛과 같이 굴절, 반사 및 분극이 일어날 수 있다는 것을 증명했다.

헤르츠는 자신의 발견이 얼마나 중요한지 잘 몰랐다. 자신의 실험을 학생들에게 설명하던 그는 한 학생이 그 발견으로 무엇을 할 수 있는지 물었을 때 "내 생각에는 아무것도 할 수 없을 것 같다"라고 대답했다. 이 질문에 대한 대답은 전파를 실생활에 응용한 전파공학의 창시자인 이탈리아의 물리학자 굴리엘모 마르코니(Guglielmo Marconi, 1874~1937)에게로 넘겨졌다.

현대인들은 모든 종류의 전자기파에 친숙하다. 이것들은 모두 빛의 속도로 움직이지만 각각의 주파수는 모두 다르다. 헤르츠는 주파수의 단위인 헤르츠(Hertz, 기호는 Hz)를 통해 오늘날에도 살아 있다.

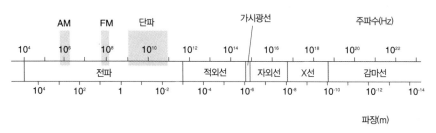

전자기 스펙트럼의 일부(전파에서 감마선까지)

미국

마이컬슨과 몰리의 실험

★ 앨버트 마이컬슨(Albert Michelson, 1852~1931)
에드워드 몰리(Edward Morley, 1838~1923)

이들의 실험 목적은 지구의 움직임이 빛의 속도에 미치는 영향을 측정하는 것이었다

이 실험에서 에테르는 존재하지 않는다는 것이 밝혀졌다.

19세기 과학자들은 에테르(ether)가 빛을 전달하는 이론상의 물질이라고 생각했고, 빛이 에테르로 채워진 공간을 통해 이동한다고 믿었다. 또 지구가 그 궤도를 초속 30킬로미터로 이동하기 때문에, 지구의 움직임이 빛의 이동에 어떤 영향을 줄 것으로 기대했다. 즉 지구가 움직이는 방향으로 빛이 움직일 경우 에테르가 함께 이동하므로 빛이 더 빨라지고, 반대 방향으로 움직일 경우 빛의 속도가 느려진다고 생각했다.

마이컬슨은 1870년대 말부터 광속을 정밀하게 측정하는 일에 매진했고, 결국 1881년에 마이컬슨간섭계를 만들었다. 그는 이 장치로 에테르가 빛의 속도에 미치는 영향을 알아내고자 했다. 1887년, 마이컬슨은 몰리와 함께 마이컬슨간섭계를 이용해 실험을 했다. 오하이오 주의 클리블랜드에서 나흘에 걸쳐 수행한 이 실험에서, 마이컬슨과 몰리는 빛을 두 줄기로 나누어 각기 직각 방향으로 놓여 있던 거울 사이로 쏘아 보냈다. 이 장치는 수은 위에 떠 있던 거대한 돌 위에 장치되었으며, 어느 방향으로든 회전할 수 있었다. 실험 결과, 그들은 빛의 속도가 광원의 움직임과는 상관없이 항상 같다는 것을 발견했다. 즉 최초로 에테르가 존재하지 않는다는 것을 실험으로 밝힌 것이다. 그러나 그 이유는 설명할 수 없었다. 이에 대한 설명은 1905년 아인슈타인의 특수 상대성 이론에 의해 해결된다.

마이컬슨은 광파와 광속에 대한 연구를 인정받아 1907년에 미국인으로는 최초로 노벨 물리학상을 수상했다.

마하

에른스트 마흐(Ernst Mach, 1838~1916) ★

공기 중에서 움직이는 물체의 속도와 소리의 속도 사이의 비를 마하라 한다

마하 1일 경우, 이 속도를 음속(sonic)이라고 한다. 마하 1 이하일 경우에는 아음속(subsonic)이라 하며, 마하 1보다 클 경우 초음속(supersonic)이라고 한다.

공기 중에서 음속은 약 시속 1,200킬로미터 정도다. 소리가 통과하는 매질의 밀도가 높으면 소리는 더 빠르게 이동한다. 고도가 높아질수록 공기의 밀도는 희박해지므로 소리의 속도는 고도에 따라 다르다. 비행기의 속도가 시속 1,200킬로미터를 넘으면, 이 비행기는 충격파(shock wave)를 발생시키고 음속 장벽(sound barrier)을 깨뜨리게 된다. 마하 2로 나는 비행기는 약 시속 2,400킬로미터로 나는 것으로, 이것은 음속의 두 배에 해당한다.

처음으로 음속 장벽을 깬 사람은 전설적인 시험비행사 척 예거(Chuck Yeager, 1923~) 대령이다. 그는 미국 정부의 연구 프로그램의 일원으로 1947년 10월 14일 Bell X-1 로켓을 타고 음속을 돌파했다. 톰 울프(Tom Wolfe, 1931~)의 유명한 책 『불굴의 정신 Right Stuff』(1979)과 1983년에 제작된 동명의 영화에는 예거의 비행에 대한 이야기가 생생하게 묘사되어 있다.

마하는 공기 흐름에 관한 연구로 잘 알려진 오스트리아의 물리학자 마흐의 이름을 딴 것이다. 그는 또한 과학철학 분야에서의 업적으로 아인슈타인에게 큰 영향을 미쳤다.

르샤틀리에의 법칙

★ 앙리 르샤틀리에(Henri Le Chatelier, 1850~1936)

평형 상태에 있던 물질계에 변화가 발생하면, 물질계는 그 변화를 줄여 다시 평형을 이루
는 방향으로 스스로를 조정한다

이 법칙은 에너지 보존 법칙의 결과다.

르샤틀리에는 소르본대학교(현 파리4대학교)에서 화학을 가르치는 화학자였다. 평형 이동의 법칙이라고도 불리는 르샤틀리에의 법칙은 르샤틀리에가 1884년에 처음 발표했고, 1888년에 「화학 평형의 안정성에 대한 법칙 Loi de Stabilité de L'equilibre Chimique」에서 완성했다.

암모니아 합성 반응을 살펴보자. 암모니아는 질소와 산소를 반응시켜 생성한다. 즉, 질소＋산소⇔암모니아(양방향 화살표는 이것이 양쪽으로 반응이 일어날 수 있음을 의미한다)인 것이다. 이 반응식에서 압력을 증가시키면 암모니아가 발생하는 반응이 많이 일어나지만, 압력을 낮추면 반대로 질소와 산소로 분해되는 반응이 일어난다. 즉 이 법칙을 이용하면 화학 공업 생산물의 양을 조절할 수 있는 것이다.

1963년에 가모프는 이 법칙에 대해 다음과 같이 말한 바 있다. "이 법칙은 우리가 에너지 보존 법칙을 피할 수 없음을 보여준다. 그렇지 않다면 영구 기관은 흔하게 될 것이며, 우리는 작은 에너지를 부여하는 것만으로도 무한한 양의 에너지를 창조할 수 있을 것이다." 영구 기관(외부에서 에너지를 공급받지 않고 영원히 일을 계속하는 가상의 기관)은 아직도 사람들을 유혹하고 있다. 인터넷 검색창에서 이 단어를 검색하면 수천 개의 사이트가 화면에 떠오를 것이다.

테슬라의 교류에 대한 이론

니콜라 테슬라(Nikola Tesla, 1856~1943) ★

높은 전압에서는 직류보다 교류가 먼 거리를 보내는 데 더 효율적이다

직류 송전은 더 이상 사용되지 않는다.

미국의 발명가인 토머스 에디슨(Thomas Edison, 1847~1931)은 1880년대 직류 발생 장치를 개발한 후, 발전소를 짓기 위해 에디슨 전등 회사(Edison Light Company)를 설립했다. 직류는 전선을 통해 먼 거리에 송전할 때 많은 양의 에너지를 잃게 되기에 직류발전소는 도시 가까이에 지어야 했다. 1888년, 크로아티아 태생의 전기공학자 테슬라는 교류를 보다 효율적으로 송전할 수 있는 교류전동기를 고안했다. 에디슨은 테슬라의 아이디어에 맹렬하게 반대했으나, 테슬라는 기업가인 조지 웨스팅하우스(George Westinghouse, 1846~1914)를 설득해 최초의 교류 발전소를 나이아가라 폭포에 건설했다. 1896년 11월 16일, 이 수력발전소는 두 도시(나이아가라 폭포와 버펄로) 사이에 전기를 송전하는 최초의 발전소가 되었다.

그러나 당시 사람들은 테슬라의 발명품을 이해하지 못했다. 그는 시대를 앞서 간 천재였던 셈이다. 그는 교류 전기를 발명하고 발전시킨 것 이외에도, 감응전동기(induction motor), 다이너모(dynamo), 변압기, 콘덴서, 날개 없는 터빈(bladeless turbine), 기계의 회전 속도 측정기, 자동차 속도계, 오늘날 형광등의 선조격인 가스등, 라디오 방송 등을 비롯해 수백 가지의 발명품을 만들었다(그의 이름으로 획득한 특허는 모두 700개다). 자기장의 세기를 측정하는 단위인 테슬라(tesla, 기호는 T)는 그의 이름에서 따온 것이다.

프리즈그린의 마법 상자

★ 윌리엄 프리즈그린(William Friese-Greene, 1855~1921)

프리즈그린의 마법 상자는 셔터 뒤에 구멍이 뚫린 필름을 장착해 연속적으로 사진을 찍을 수 있도록 한 카메라다

이 카메라는 영화 카메라의 원형이 되었다.

사진작가이자 발명가인 프리즈그린은 에디슨의 활동사진이 나오기 10년쯤 전인 1880년대 초에 움직이는 사진에 대한 실험을 했다. 이 장치는 사람들이 구멍을 통해 들여다보면 종이에 그린 그림을 빠르게 연속해서 보여줌으로써 움직이는 효과를 만들어내는 것이었다.

전문 사진작가로 일하기 시작한 초창기에 프리즈그린은 존 러지(John Rudge)와 함께 일을 했었는데, 러지는 슬라이드를 빠르게 연속해서 보여주는 장치인 환등기(magic lantern)를 발명한 사람이었다. 훗날 프리즈그린은 런던의 피커딜리(Piccadilly) 거리에 사진관을 열었고, 그곳에서 실험을 하면서 시간을 보냈다. 실험의 주된 목적은 알맞은 필름 재질을 찾는 것이었다. 그는 첫 번째로 판유리를 실험해보았으며, 다음으로 종이를 피마자기름에 적셔 투명하게 만들어보기도 했다. 그리고 마지막으로 셀룰로이드지에 감광 유제를 코팅해 사용해보았다. 셀룰로이드지가 바로 그가 찾던 필름이었다.

프리즈그린은 실력이 좋은 기술자는 아니었다. 그는 기술자 친구의 도움을 받아 자신의 영화 카메라를 만들었다. 이 카메라는 셔터 뒤쪽에 구멍이 뚫린 롤(roll) 형태의 필름을 장착해 연속적으로 사진을 찍을 수 있도록 한 것이었다.

1889년 어느 아침, 그는 런던의 하이드 파크로 나가서 6미터 길이의 필름으로 사진을 찍었다. 그날 밤 실험실에서 필름을 현상한 그는 자신의 영사기로 필름을 돌렸다. 화면 위에는 그가 오랫동안 꿈꾸어왔던 것이 현실이 되어 나타나고 있었다. 2륜 마차며 절뚝거리는 보행자 등 움직이는 모든 물체가 실제처럼 보였다. 너무 흥분한 그는 "해냈어! 해냈어!" 환호를 지르며 거리로 뛰어나가 지나가는 경찰을 데리고 들어왔다. 그는 필름을 영사기에 넣고 다시 상영했으며, 그 경찰은 최초의 영화 관객이 되었다. 프리즈그린은 최초의 영화 제작자이자 영사기사가 된 것이다.

가난한 발명가의 기쁨은 오래가지 않았다. 그는 어떠한 금전적인 지원도 받을 수가 없었다. 19세기에는 활동사진을 발명하려고 시도하는 발명가들이 너무도 많았기 때문이다. 이런 이유로 누가 진짜로 영화를 발명했는지 말하기가 쉽지 않다. 그러나 프리즈그린이 활동사진을 성공적으로 상영하는 데 실패했기 때문에, 뤼미에르 형제(Auguste et Louis Lumière, 1862~1954, 1864~1948)나 에디슨 등에게 영예가 돌아갔다.

프리즈그린은 66세에 빈털터리로 사망했다. 런던의 하이게이트 공동묘지에 있는 그의 비문에는 다음과 같이 쓰여 있다. "그의 천재성은 인류에게 상업 사진이라는 혜택을 주었다." 존 볼팅(John Boulting) 감독의 1951년 작 〈마법 상자 The Magic Box〉(프리즈그린 역에 로버트 도냇, 지나가던 경찰관 역에 로렌스 올리비에)는 이 잊혀진 영화 발명가 프리즈그린의 삶을 그린 영화다.

플레밍의 법칙

★ 존 플레밍(John Fleming, 1849~1945)

플레밍의 왼손 법칙과 오른손 법칙은 전류의 방향과 작용 방향 그리고 전동기나 발전기 내의 자기장의 위치 사이의 관계를 측정할 때 사용된다

이 법칙은 학생들에게 유용한 기억법이다.

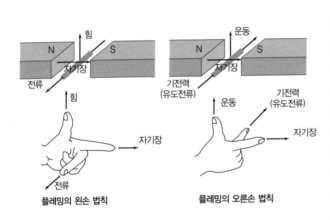

플레밍의 왼손 법칙　　　　　플레밍의 오른손 법칙

자기장 속에 있는 도선에 전류가 흐르면 도선도 힘을 받게 되는데(로런츠의 힘), 이때 자기장의 방향과 전류의 방향에 대해 도선이 받는 힘의 방향을 결정하는 것이 플레밍의 왼손 법칙이다. 즉 자기장 속에서 전기에너지가 운동에너지로 전환되는 것이므로 전동기의 기본 원리가 된다. 또 자기장 속에서 도선을 움직이게 하면 도선 내부에 전류가 흐르게 되어(로런츠의 힘) 유도전류가 발생하는데, 이때 자기장의 방향과 도선이 움직이는 방향에 대해 유도전류의 방향을 결정하는 것이 플레밍의 오른손 법칙이다. 이는 자기장 속에서 도선의 운동에너지가 전기에너지로 전환되는 것이므로 발전기의 기본 원리가 된다. 이 법칙들은 영국의 전기기술자 플레밍이 발견한 것이다.

로런츠·피츠제럴드의 수축

조지 피츠제럴드(George FitzGerald, 1851~1901) ★
헨드릭 로런츠(Hendrik Lorentz, 1853~1928)

움직이는 물체는 수축되어 보인다

이 수축 효과는 물체의 속도가 광속에 가까워지기 전에는 무시할 수 있을 정도로 작다.

1890년, 피츠제럴드는 움직이는 물체는 움직이는 방향으로 속도에 비례해 약간 수축한다는 이론을 발표했다. 로런츠는 피츠제럴드와는 별도로 이 이론을 1893년에서 1895년 사이에 발표했고, 1904년에 이것을 원자 규모에서 연구한 논문을 발표했다. 예를 들면, 1미터 길이의 자가 초속 24만 킬로미터의 속도(광속의 80퍼센트)로 우리 옆을 지나가면, 60센티미터 길이로 보이게 된다.

로런츠·피츠제럴드의 수축은 마이컬슨과 몰리의 실험에 나타난 모순을 설명하기 위한 것이었다. 마이컬슨과 몰리는 빛의 방향이 바뀌게 되면 빛을 전달하는 매질인 '에테르'의 존재 때문에 빛의 속도도 변할 것이라 예상했지만, 그들의 실험 결과는 오히려 빛의 속도가 항상 같다는 것을 보여주고 말았다. 이에 대해 로런츠와 피츠제럴드는 물체가 에테르에 대해 운동할 때 그 방향으로 일정한 수축을 받기 때문에 빛의 속도 변화가 관측되지 않는다고 주장했다. 이들의 주장에도 역시 모순이 있었지만, 로런츠가 논문을 발표한 1년 뒤인 1905년 아인슈타인은 특수 상대성 이론을 통해 이 현상의 원인을 밝혀냈다.

■참고하기■ 마이컬슨과 몰리의 실험 ▶ 134 특수 상대성 이론 ▶ 156

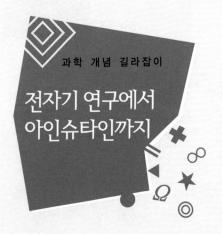

전자기 연구에서 아인슈타인까지

전기와 자기는 오랫동안 서로 별개의 영역인 것으로 생각돼왔다. 전기와 자기가 서로 떼려야 뗄 수 없는 불가분의 관계라는 게 알려진 것은 고작 19세기부터였다. 그 이전까지는 전기와 자기에 대한 갖가지 발견과 이론들이 개별적으로 발달해왔을 뿐이다.

자기의 역사는 '신비의 돌'로 일컬어지던 자석에서 시작됐다. 자연 상태에서도 자성을 지니고 있는 자철석 등이 고대 중국이나 그리스에서도 알려져 있었으며, 기록상으로는 11세기 중국 송나라 『몽계필담(夢溪筆談)』에 자침(磁針)이 남북 방향을 지시한다는 내용이 기술돼 있는 게 최초다. 자침을 이용한 나침반을 항해에 사용한 것은 그 이후이며, 이슬람권의 배들을 통해 전 세계로 보급되었다.

자기력에 대한 본격적인 연구도 전기와 마찬가지로 1600년 길버트에 의해 이루어졌다. 그는 자석 수준의 자기뿐 아니라 지구 전체가 하나의 자석임을 증명해 보였다.

자기력과 전기가 서로 관련이 있음을 알게 된 것은 19세기에 와서였다. 외르스테드는 1820년 나침반이 전선에 가까이 있을 때 나침반의 바늘이 회전하는 것을 우연히 관찰해, 전기 흐름이 자기장을 만들어내는 것이라고 추론하기에 이른다. 얼마 뒤인 1827년엔 앙페르가 작은 쇠막대기를 코일 형태로 감겨 있는 전선 안에 넣으면 자석이 됨을 밝혀낸다.

이렇게 전류가 자기장을 만든다는 사실이 알려지자, 연구자들은 반대로 자기장을 이용해 전류를 형성할 수 있지 않을까 하고 생각하게 됐다. 이런 의문을 통해 1831년 패러데이는 도체의 주변에서 자기장을 변화시키면 전압이 유도되어(전자기 유도) 전류가 흐른다는 사실을 발견한다. 이 전자기 유도는 발전기와 전동기, 변압기 등의 원리가 되었다.

1864년엔 '전자기학'의 결산이라 할 수 있는 맥스웰방정식이 발표된다. 전기장과 자기장의 상호 관계를 기술한 이 식은 전자기 현상의 모든 면을 통일적으로 기술하는 미분방정식으로 19세기 과학의 최고 성과로 꼽힌다. 특히 맥스웰은 전기장과 자기장이 서로 유도하고 만들어내 두 장이 같이 발생하여 전파되며, 그 속도가 빛의 속도와 일치한다는 사실로부터 빛이 전자기파라는 가설을 세웠다. 이 가설은 1886년 헤르츠에 의해 실험적으로 증명된다.

당시에 알려진 파동 현상들은 모두 매체에 의해 전달됐으므로, 빛이 전자기파, 즉 파동이라면 빛을 전달하는 매체, 즉 매질이 있을 거라는 추정이 나왔다. 이 빛의 매질을 '에테르'라고 불렀는데, 이 에테르의 존재를 증명하기 위해 1887년 마이컬슨과 몰리가 실험에 착수한다. 그들은 만약 에테르가 존재한다면 지구가 상대적으로 운동하고 있는 상황에서 빛의 속도를 측정할 때마다 방향에 따라 속도가 다르게 나올 것이라 추정했다. 그러나 실험 결과, 에테르는 존재하지 않음이 밝혀진다. 빛의 속도가 측정 방향과 장소에 관계없이 일정하게 나타났기 때문이다.

이 실험에서 왜 이런 결과가 나오게 되었는지 설명하기 위해 다시 실험에 착수하여 나온 결과가 바로 '로런츠·피츠제럴드의 수축'이었고, 마이컬슨·몰리, 로런츠·피츠제럴드가 내놓은 역학적 모순을 해결하는 과정에서 아인슈타인의 특수 상대성 이론이 나오게 된다.

이렇게 자석에 대한 호기심에서 시작된 일련의 실험들은 전자기학의 태동을 가져왔고, 전자기 현상을 통합적으로 기술한 맥스웰방정식은 아인슈타인의 특수 상대성 이론의 단초를 제공하기까지에 이르렀다.

오스트발트의 촉매 이론

★ 프리드리히 오스트발트(Friedrich Ostwald, 1853~1932)

촉매는 화학 반응의 속도를 변화시킬 수 있지만, 자신이 화학 반응에 직접 참여하지는 않는다

촉매의 효과는 촉매 작용으로 알려져 있다. 촉매의 역할은 특정한 경우(특정한 촉매가 화학 반응을 촉진시키는 경우)로 한정되며, 반응 속도를 증가시키거나 감소시킬 수 있다.

촉매 작용(catalysis)이라는 말은 '몸을 풀다' 라는 뜻의 그리스어 katalusis에서 나왔으며, 1836년에 베르셀리우스에 의해 최초로 사용되었다. 물리화학자인 오스트발트는 촉매에 대한 최초의 현대적인 정의를 내리고, 촉매 반응에 대한 상세한 연구 결과를 발표한 사람이다. 그는 촉매에 대한 연구 업적으로 1909년에 노벨 화학상을 수상했다.

촉매는 스스로는 화학 반응에 참여하지 않으므로 자신은 변화하지 않지만, 다른 물질의 화학 반응을 매개해 반응 속도를 증가시키거나(정촉매) 감소시키는(부촉매) 물질이나 과정을 의미한다. 촉매가 없는 생물은 없다. 살아 있는 세포라면 생물체 내에서 일어나는 화학 반응에 대해 촉매 작용을 하는 물질, 즉 효소를 생산한다(이 효소의 촉매 작용을 처음으로 증명한 이도 바로 오스트발트다). 인간의 몸에는 수천 가지에 달하는 여러 종류의 효소가 있다. 예를 들어, 침 안에 들어 있는 아밀라아제(amylase)는 음식물의 전분이 당(sugar)으로 변환되는 속도를 증가시킨다.

또한 자동차 안에 있는 촉매(연료 내의 일산화탄소나 질산화물과 같은 유독성 물질이 이산화탄소, 물, 질소와 같은 환경친화적 물질로 변환되는 화학 반응의 속도를 증가시켜주는 장치로 촉매 변환 장치라고 불린다)는 대기 오염을 줄여주기도 한다.

　오스트발트는 화학자이면서 동시에 과학철학자, 과학저술가, 과학교육자이기도 했다. 그는 촉매에 대한 연구뿐 아니라 아레니우스의 이온 해리에 대한 이론을 발전시키는 등 물리화학을 하나의 과학 분야로 확립한 창시자 중의 한 명이었다. 또 당시까지의 화학 및 물리화학 분야의 성과를 집대성한 다양한 교재와 학술지를 간행했다. 그는 두 권으로 된 『일반화학 교재 Lehrbuch der allgemeinen Chemie』를 1885년부터 1887년 사이에 출간했다. 또한 1887년에는 제1회 노벨 화학상을 수상한(1901) 네덜란드의 동료 화학자 야코뷔스 호프(Jacobus Hoff, 1852~1911), 아레니우스와 함께 《물리화학 잡지 Zeitschrift für physikalische Chemie》를 창간했다. 그 외에도 화학 교육에 관한 책이나 과학철학에 관한 책들도 여러 편 저술했는데, 그의 저술들을 모두 모아놓으면 4만 쪽이 넘는다고 한다.

■ 참고하기 ▶ 이온 해리에 대한 아레니우스의 이론 ▶ 131

뢴트겐의 X선

★ **빌헬름 뢴트겐**(Wilhelm Röntgen, 1845~1923)

X선은 빠른 속도로 움직이는 전자가 빠르게 에너지를 잃을 때 발산되는 고에너지의 복사선이다

X선은 투과성이 좋기 때문에 다량으로 쪼이게 되면 생물체의 조직을 파괴할 수 있다. X선의 발견으로 오늘날 물리학과 의학의 혁신적인 발전의 토대가 마련되었다.

뷔르츠부르크(Würzburg)대학교의 물리학과 교수였던 뢴트겐은 크룩스관(Crooke's tube, 높은 전압이 걸려 있는 가스로 충전된 관)을 이용한 실험을 하던 중 우연히 X선을 발견했다. 그가 크룩스관 속으로 전류를 흘려보내자 주위에 있던 소량의 백금시안화바륨(barium platinocyanide, 백금의 착염으로 형광판을 만드는 데 씀)판에서 환하게 빛이 발했다. 뢴트겐은 판과 관 사이에 손을 넣었다가 화들짝 놀라고 말았다. 판에 뼈의 모습이 비쳤기 때문이다. 그는 사진판(photographic plate)과 열쇠를 갈색 종이로 감싼 후 그 꾸러미를 관 옆에 놓았다. 사진판을 현상하고 나자, 열쇠의 실루엣이 사진판에 남아 있었다.

뢴트겐은 열심히 그러나 은밀하게 실험을 계속했다. 그는 자신의 발견을 아내에게조차 말하지 않았다. 7주 후가 되자 그는 관에서 나오는 정체 모를 복사에너지의 특성을 알게 되었다. 그는 자신의 발견을 「새로운 복사에너지에 대한 기본적인 이해 Über eine neue Art von Strahlen」라는 제목의 논문으로 발표했다. 모두 열일곱 개의 장으로 구성된 이 논문에서 뢴트겐은 새로운 복사에너지가 나무나 종이, 알루미늄 등을 투과할 수 있으며, 기체를 이온화할 수 있고, 전기장이나 자기장에 영향을 받지 않으며, 빛의 특성을 보이지는 않는다는 것 등을 서술했다.

그는 이 에너지를 X선이라고 명명했다.

"얼마나 난리가 났는지 모른다." 뢴트겐은 훗날 이렇게 썼다. X선의 발견은 전 세계에 큰 반향을 불러일으켰다. 과학자들은 새로운 발견과 뢴트겐의 업적에 갈채를 보낸 반면, 엉터리 의사들은 순진한 대중들에게 X선 투과방지용 속옷과 기타 장비들을 팔기도 했다. 신문에서는 과학적 사실보다는 비현실적인 추측을 내놓는 데 더 열심이었다. 한 예로, "보도된 것이 사실이라면, 더 이상 개개인에게 사생활은 존재하지 않을 것이다. 마치 진공관으로 만든 옷을 입은 사람이 벽돌담을 통해 내부를 훤히 볼 수 있듯이 말이다"라는 얘기가 나돌았으며, 또 "나는 그들이 외투와 가운 심지어는 속옷까지도 꿰뚫어 볼 수 있다는 이야기를 들었다. 이 음흉하고 음흉한 X선이여!"라고 말하기도 했다.

심지어는 존경받던 과학 잡지 《사이언티픽 아메리칸 Scientific American》조차 이 발견의 과학적인 측면은 제쳐두고, 런던의 풍자 잡지 《펀치 Punch》에 실렸던 다음과 같은 글귀를 인용했다.

"오 뢴트겐이여, 그 소식이 사실이라면, 그리고 행여 시답잖은 루머가 아니라고 한다면, 그것은 우리더러 당신과 당신의 불쾌하고 음울한 농담을 조심하라고 당부하는 거군요."

다행히 이 어리석은 행동들은 오래가지 않았다. X선은 곧 의학계에서 진단의 수단으로 이용되기 시작했다. 뢴트겐은 자신의 장치를 특허신청하지는 않았다. 그는 1901년 최초의 노벨 물리학상을 수상했다.

1896 · 스웨덴

온실 효과

★ 스반테 아레니우스(Svante Arrhenius, 1859~1927)

지구 표면에서 발산되는 에너지는 이산화탄소에 흡수되어 지구를 둘러싸고 있는 담요와
같은 역할을 하게 되며, 이로 인해 온실 효과가 발생한다

아레니우스가 자신의 이론을 발표한 지 1세기가 지난 지금, 우리는 온실 효과가 이산화탄소, 아산화질소, 메탄, 오존, 탄화플루오르 (fluorocarbon) 등 여러 가지 흡열 기체에 의해 발생한다는 것을 안다.

오늘날 화석 연료의 연소나 산림의 훼손으로 인해 지구의 공기 중에는 이산화 탄소의 농도가 높아졌다. 이산화탄소는 지구 상에서 가장 풍부한 온실 효과 기체 다. 주로 자동차의 배기가스로 나오는 아산화질소나 가축의 신진대사에서 나오는 메탄(한 마리의 소는 매일 300리터의 메탄을 방출한다) 그리고 여러 가지 산업 활동에 서 나오는 탄화플루오르 역시 그 농도가 증가하고 있다. 이러한 기체들은 모두 지 구의 복사열을 흡수해서 지구온난화를 발생시킨다.

아레니우스가 온실 효과를 예측한 이후, 현재 지구의 평균 온도는 약 0.5도 상 승했다. 만약 지구온난화에 대해 아무런 대책을 세우지 않는다면, 향후 50년간 지구의 온도는 2.5도 정도 상승할 것이고 이로 인해 여러 지역에서 기상 이변이 나타날 것이라고 예측된다. 지구의 온도 증가는 해수면을 상승시키고, 강수량이 나 다른 기상 현상도 변화시킬 것으로 예상된다. 지구는 점점 더 습해질 것이라고 한다.

톰슨의 원자 모형

조지프 톰슨(Joseph Thomson, 1856~1940) ★

원자는 (+)전하를 지닌 구이며, 마치 푸딩 속의 건포도처럼 원자의 (+)전하를 중성화할
수 있는 만큼의 (-)전하를 지닌 전자들에 둘러싸여 있다

톰슨의 모형은 최초로 원자의 내부 구조를 밝혔다.

톰슨의 원자 모형

1886년, 독일의 물리학자 오이겐 골트슈타인(Eugen Goldstein, 1850~1930)은 음극선관(cathode ray tube)에서 음극선뿐 아니라 (+)전하를 가진 입자도 발산된다는 사실을 발견했다. 이 입자들에는 양성자(proton)라는 이름이 붙었다. 그다음 해, 톰슨은 음극선이 자기장이나 전기장에 의해 휠 수 있다는 사실을 증명했다. 그는 음극선이 (-)전하를 가진 입자들의 흐름이며, 이 입자들(훗날 전자로 명명된)이 금속으로 만들어진, (-)전하를 띤 전극이나 음극의 원자에서 나온다고 결론지었다.

전자의 질량이 양성자 질량의 1/1837에 불과하다는 것이 밝혀진 것은 1909년이다. 전자는 전기의 필수 요소로, 전자의 흐름을 통해 전기가 매질을 이동하게 된다. 톰슨은 양성자와 전자의 발견을 토대로 유명한 원자 모형을 발표하게 되었다. 그러나 얼마 되지 않아 톰슨의 모형은 그의 제자 중 한 명인 러더퍼드의 모형으로 대체되었다.

참고하기 러더퍼드의 원자 모형 ▶ 164

퀴리 일가의 역청우란석에 관한 실험

★ **마리 퀴리**(Marie Curie, 1867~1934)
  피에르 퀴리(Pierre Curie, 1859~1906)

우라늄의 원료인 역청우란석(pitchblende, 피치블렌드라고도 한다)은 순수한 우라늄보다 더 많은 양의 방사능을 발산한다. 그러므로 이 광석은 우라늄 이외의 다른 방사성 원소를 함유하고 있음이 틀림없다

퀴리 일가는 역청우란석에서 폴로늄과 라듐의 두 가지 방사성 원소를 분리해냈다.

1896년, 프랑스의 과학자 앙리 베크렐(Henri Becquerel, 1852~1908)은 우연히 우라늄(uranium, 천연으로 존재하는 가장 무거운 방사성 원소로 기호는 U)의 원료가 되는 역청우란석 박편을 보호용 검은 종이로 감싼 사진 건판 위에 올려놓았다. 그가 실수로 사진 건판을 현상했을 때, 놀랍게도 그는 그 판 위에 어떠한 모습이 찍혀 있는 것을 발견했다. 그 이미지는 역청우란석을 감싸고 있던 그릇의 모습처럼 보였다. 베크렐은 신중하게 그 우연한 시험을 다시 했으며, 역청우란석이 눈에 보이지 않는 방사능을 발산한다는 것을 증명했다.

베크렐의 발견은 폴란드 태생의 마리 퀴리와 그 남편인 프랑스 태생의 피에르의 관심을 끌었다. 마리는 체계적으로 역청우란석을 연구했고, 방사능의 양이 이 광석에 함유되어 있는 우라늄의 질량에 비례한다는 사실을 증명했다.

마리는 또한 역청우란석이 우라늄에서 발산될 수 있는 방사능보다 더 많은 양의 방사능을 발산하는 것을 보고 이 광물에 다른 방사성 물질이 함유되어 있다고 확신했다. 피에르는 자신의 연구를 중단하고 마리가 새로운 원소를 찾는 것을 도왔다. 그들의 실험은 파리에 있는 낡은 헛간에서 진행되었는데, 그곳은 겨울에는 춥고 습하고 여름에는 참을 수 없을 만큼 더웠다. 또한 실험에 사용되는 가마솥에서 나오는 연기로 항상 자욱했다. 물리·화학적 실험을 통해 6톤에 달하는 역청우란석의 구성물을 분리하는 4년간의 부단한 연구 끝에 마침내 마리는 몇 밀리그램의 두 가지 새로운 원소를 발견하는 데 성공했다. 마리는 첫 번째 원소에 폴로늄(polonium, 고국 폴란드의 이름을 딴 것으로 기호는 Po)이라는 이름을 붙이고, 두 번째 원소에 라듐(radium, 광선을 뜻하는 라틴어 radius에서 비롯된 것으로 기호는 Ra)이라는 이름을 붙였다. 또한 특정 물질에서 발산되는 복사에너지에 방사선이라는 이름을 붙였다.

마리는 방사선에 대한 연구로 피에르, 베크렐과 함께 1903년 노벨 물리학상을 수상했고, 폴로늄과 라듐의 발견으로 1911년에 노벨 화학상을 수상했다. 마리는 위대한 과학자였을 뿐 아니라 위대한 여성이기도 했다. 그의 삶은 진정한 용기와 인내의 실례였고, 인류에 큰 도움이 되었다. 마리는 거액을 쥘 수 있는 특허신청을 거절하며, "라듐은 용서의 도구이자 전 인류의 재산"이라고 했다.

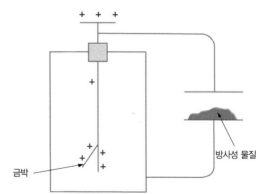

퀴리 부부는 단순한 금박 전극을 이용해 방사성 물질을 연구했다. 전극에 전하가 발생하면 금박은 서로 밀어내게 된다. 방사성 물질이 판 위에 놓여 있을 때, 전하가 그쪽으로 이동해 금박은 다시 원래대로 돌아간다.

양자 이론

★ 막스 플랑크(Max Planck, 1858~1947)

에너지는 연속적인 양이 아니지만 정량화할 수 있는 것으로, 별개의 묶음이나 양자 단위로 흐른다. 입자들이 에너지를 발산할 때는 양자 단위로 발산한다

이 이론은 양자역학(물질의 기초 입자의 움직임과 상호 작용에 관한 학문)의 태동을 불러일으켰다.

양자 이론에 의하면, 한 양자(quantum)의 에너지(E)는 공식 $E=hf$로 계산되며, 이때 f는 복사에너지의 주파수, h는 플랑크상수로 6.63×10^{-34} J/sec이다.

플랑크는 열복사 스펙트럼 연구에 몰두하면서 이 양자 이론을 세우게 됐다. 물질에 의해 열복사가 방출되거나 흡수될 때는 연속적으로 일어나는 것이 아니라 불연속적인 단위(양자)의 정수배의 형식으로 일어난다는 것이었다. 이는 기존의 고전역학이 설명하지 못했던, 진동수가 높은 영역의 열복사 스펙트럼을 설명할 수 있었다.

양자 이론은 발표 즉시 과학자들에게 인정을 받았다. 아인슈타인은 1905년 이 이론을 광전자 효과(photoelectric effect)에 적용시켰고, 보어는 1913년에 이 이론을 원자의 양자 모형으로 발전시켰다. 플랑크는 1918년에 노벨 물리학상을 수상했다.

플랑크는 항상 나치에 반대했지만, 히틀러에 반대하기 위해 스스로 나서기에는 자신이 너무 나이가 많다고 생각했다. 히틀러 시대의 독일에서 그는 카이저 빌헬름연구소(오늘날의 막스플랑크연구소)의 소장을 역임했다. 그는 죽기 몇 달 전에 어떻게 자신이 히틀러를 만나서 자신의 유대인 동료들을 구했는지에 대해 자세히 썼다. 그러나 친구였던 아인슈타인은 플랑크가 히틀러에게 적극적으로 반대하지 않았다는 이유로 (전쟁이 끝나고도) 그를 절대 용서하지 않았다.

란트슈타이너의 혈액형 이론

카를 란트슈타이너(Karl Landsteiner, 1868~1943) ★

모든 사람은 A형, B형, O형의 세 가지 혈액형 중 하나를 갖는다

네 번째 혈액형인 AB형은 1년 뒤에 발견되었다. 혈액형의 발견으로 안전하게 수혈을 받을 수 있는 길이 열렸다.

빈대학교 위생학연구소의 연구원으로 일하던 란트슈타이너는 많은 사람들이 외과 수술 도중 수혈을 받을 때 혈액이 다르다는 이유로 죽게 된다는 사실에 관심을 가졌다. 그는 혈액형의 발견으로 1930년에 노벨 생리·의학상을 수상했다.

오늘날 사람들의 혈액형은 적혈구 표면에 존재하는 특정 항원의 유무와 혈장 내 항체의 유무를 기준으로 분류된다. 아래 표는 각 혈액형별 적혈구 항원, 혈장 내 항체 그리고 수혈할 수 있는 혈액형과 수혈받을 수 있는 혈액형을 나타낸 것이다.

혈액형	적혈구의 항원	혈장 내 항체	수혈해줄 수 있는 혈액형	수혈받을 수 있는 혈액형
A	A	anti-B	A, AB	A, O
B	B	anti-A	B, AB	B, O
AB	A, B	없음	AB	모두 가능
O	없음	anti-A, anti-B	모두 가능	O

파블로프의 조건 반사

★ 이반 파블로프(Ivan Pavlov, 1849~1936)

타고난(무조건) 반사 작용은 생각 없이 자동적으로 하게 되는 행동이다(불꽃에 가까워지면 손을 움츠리는 것). 조건 반사는 환경의 자극에 대해 학습을 통해 길러진 반응이다(예를 들어 개가 벨이 울리면 음식이 온다는 경험을 통해 벨 소리만 듣고도 침을 흘리는 것). 자극과 반사 작용을 연결해주는 학습의 과정을 조건 부여(conditioning)라고 한다

파블로프의 연구는 인간 행동에 대한 객관적인 연구의 길을 닦았다.

1890년대, 생리학자 파블로프는 개의 소화 기관에 대한 철저한 연구를 진행했다. 이 선구자적인 업적 덕분에 그는 1904년에 노벨 생리·의학상을 수상했다. 그러나 그의 가장 유명한 업적인 조건 반사에 대한 연구는 1903년에 시작됐다. 그는 죽을 때까지 이 연구에 매진했다.

파블로프는 개를 데리고 실험을 하는 중에 타액 분비 없이는 두뇌가 소화를 시작하라는 메시지를 보내지 않는다는 것을 발견했다. 그는 학습을 통해 타액 분비에 영향을 미칠 수 있는지를 알아보고자 했다. 이를 시험해보기 위해 그가 행한 실험은 오늘날 모든 사람들이 알고 있을 정도로 유명하다. 그는 개에게 먹이를 주기 직전에 벨을 울리기를 거듭했다. 얼마 후, 개는 음식이 도착하기도 전에 벨 소리만 듣고도 이미 침을 흘리기 시작했다. 이 실험에서 파블로프는 동물이 무조건 반사와 조건 반사를 통한 경험에 근거해 행동을 변화시킬 수 있다고 결론지었다.

E=mc²

알베르트 아인슈타인(Albert Einstein, 1879~1955) ★

에너지량(E)은 질량에 빛의 속도의 제곱 값을 곱한 것과 같다

세계에서 가장 유명한 이 공식은 질량과 에너지는 조건이 맞을 경우, 서로 변환될 수 있음을 보여준다.

수 세기 동안 과학자들은 에너지와 질량이 별개의 것이라고 생각해왔다. 아인슈타인은 질량과 에너지가 하나임을 증명했다. 질량과 에너지에 관한 공식은 아인슈타인의 특수 상대성 이론의 결론이다.

다음의 경우를 생각해보면 $E=mc^2$의 진가를 알 수 있다.

E를 줄(J) 단위의 에너지, m을 킬로그램 단위의 질량 그리고 c를 1초에 빛이 가는 거리를 미터 단위로 표시한 것이라고 하면, 1킬로그램의 질량에서 나오는 에너지는 다음과 같다.

$1 \times 300,000,000 \times 300,000,000$줄$=90,000 \times 1,000,000 \times 1,000,000$줄

$=$티엔티(TNT) 폭약 약 20,000킬로톤(kiloton, 핵폭탄의 위력을 나타내는 단위로 기호는 Kt)에 해당하는 에너지

1945년 히로시마에 떨어진 원자폭탄은 고작 15킬로톤이었다. 아인슈타인은 그와 같은 엄청난 위력의 에너지는 발생할 수 없다고 생각했지만, 히로시마에 떨어진 원자폭탄은 그의 생각이 잘못되었음을 보여준다. $E=mc^2$ 공식은 원자력 시대의 도래를 알렸다고 할 수 있다.

■ 참고하기 특수 상대성 이론 ▶ 156

 스위스

특수 상대성 이론

★ 알베르트 아인슈타인(Albert Einstein, 1879~1955)

(1) 상대성 이론 _ 모든 과학의 법칙은 모든 좌표계에서 동일하다
(2) 광속의 일정성 _ 진공 속에서 빛의 속도는 일정하며, 관찰자의 속도에 영향을 받지 않는다

위의 두 가정은 특수 상대성 이론의 가장 기초가 된다.

특수 상대성 이론을 만들 당시, 아인슈타인은 26세의 나이로 스위스 베른에 있는 특허청의 직원으로 근무하고 있었다. 당시만 해도 아인슈타인의 이론은 실험 증거 부족으로 인해 수년간 다른 과학자들에게 주목을 받지 못했다.

이 이론은 시간이 절대적인 값은 아니라는 것이다. 현재 시간을 측정하는 우리의 기준은 우리의 움직임에 따라 달라질 수 있다. 즉, 시곗바늘이 움직이는 속도는 상대의 움직임에 따라 달라진다는 것이다. 시계에서 멀어지는 방향으로 달리는 사람은 자신의 시계보다 멀리 있는 시계가 더 천천히 가는 것을 발견할 수 있을 것이다. 이 이론은 또한 움직이는 물체의 질량은 속도가 증가하면서 함께 증가한다는 것을 보여준다. 빛의 속도(초속 30만 킬로미터)에서는 질량이 무한대가 되며, 따라서 어떤 것도 빛보다 빠를 수는 없다.

이론적으로 우주선이 빛에 근접한 속도로 날아갈 경우, 태양을 제외하고 지구에서 가장 가까운 항성인 켄타우루스(Centaurus) 별까지 다녀오는 데 지구의 시간으로 9년이 걸리지만, 상대적인 시간의 변화 때문에 우주선에 탑승한 승무원들은 지구에 도착했을 때, 수십 년이 흐른 것을 보게 될 것이다. 그러나 우주선 내에서는 승무원들이 아무런 변화를 느낄 수 없다. 그들의 기준에서 우주선은 항상 일정한 상태였고 지구가 빛의 속도로 이동했기 때문에 지구에서의 시간이 느려지게

된 것이다.

상대적인 시간은 재미있는 역설을 유발한다. 쌍둥이 중 한 사람이 빠른 속도로 우주여행을 떠날 경우, 그가 집에 돌아왔을 때 집에 머물렀던 자신의 동생보다 더 젊어지게 될 것이다.

특수 상대성 이론은 상식을 부인하지만, 아인슈타인에게 상식은 성인이 되기 전에 마음에 자리잡는 편견 더미일 뿐이었다. 그는 지구가 둥글다는 생각에 반대하는 것이 한때는 상식적이었음에 주목했다.

당신이 만약 빛보다 더 빠른 속도로 이동할 수 있다면, 유명한 풍자시에 나오는 미스 브라이트(Miss Bright)처럼 당신이 출발한 날 이전에 돌아올 수도 있다.

> 미스 브라이트라는 이름의 어린 소녀가 있었네.
> 소녀는 빛보다 더 빨리 날아갈 수 있었네.
> 어느 날 소녀는 떠났네.
> 아인슈타인의 말처럼,
> 소녀는 자신이 떠난 전날 밤에 돌아왔네.

어떤 것도 빛보다 빠를 수 없다는 아인슈타인의 이론이 최상의 것인 한, 과거로의 시간여행은 SF 소설에서만 허락될 것이다. 그렇게 되면 고대 로마의 위대한 시인인 베르길리우스(Publius Vergilius Maro, BC 70~19)의 말은 사실일 것이다. "시간은 날아가고, 결코 돌아오지 않는다."

아인슈타인이 광전자 효과, 브라운운동, 특수 상대성 이론을 연달아 발표한 1905년은 보통 '기적의 해'라고 불리며, 당시까지 이름 없는 특허청 직원이었던 아인슈타인은 과학 영역뿐만 아니라 우리가 지닌 시간과 공간에 대한 기존의 개념마저도 영원히 바꾸어놓았다. "신은 주사위 놀이를 하지 않는다"라는 유명한 말을 남기기도 했던 아인슈타인은 인생의 후반기에 통일장 이론의 연구에 매진했다.

참고하기 E=mc² ▶ 155 일반 상대성 이론 ▶ 170

고전역학의 세계

고전역학은 과학 분야에서 가장 오래된 분야다. 오늘날에는 아인슈타인의 상대성 이론과 양자역학에 상대적인 개념으로 많이 쓰이고 있다.

고전역학을 논할 때는 보통 갈릴레오의 낙하 운동 법칙이 고전역학의 시초를 마련한 것으로 평가받는다. 갈릴레오가 1632년에 이 법칙을 세우기 전까지 사람들은 "무거운 물체일수록 더 빨리 떨어진다"라는 아리스토텔레스의 주장을 믿어왔다. 갈릴레오는 공기 저항이 없을 경우 모든 물체는 동일하게 낙하하며, 등가속도 운동을 한다는 추론을 내놓았다.

갈릴레오와 함께 고전역학의 초석을 제공한 또 다른 학자는 케플러였다. 1609~1619년에 케플러는 세 가지 행성의 운동 법칙, 즉 타원 궤도의 법칙, 면적 속도 일정의 법칙, 조화의 법칙을 제시했다. 그는 행성들이 태양을 공전하면서 원운동이 아닌 타원 운동을 한다고 하면서, "행성의 공전 주기의 제곱 값은 행성과 태양 사이의 평균 거리의 세제곱에 비례한다"는 역학적인 설명을 내놓았다. 이것이 뉴턴이 만유인력의 법칙을 확립하는 데 결정적인 계기가 되었고, 뉴턴은 1687년 "두 물체가 서로 끌어당기는 힘은 각각의 질량의 곱에 비례하고, 물체 사이의 거리의 제곱에 반비례한다"고 발표하기에 이른다.

뉴턴의 만유인력의 법칙이 수록된 『프린키피아』에는 보통 '운동의 3법칙'이라 불리는 고전역학의 핵심 운동 법칙이 함께 들어 있다. 관성의 법칙, 가속도의 법칙, 작용·반작용의 법칙이 그것이다. 이것은 물체의 운동을 설명하는 고전역학의 대표 법칙이다. 관성에 대해선 갈릴레오도 논한 바 있지만 그는 관성 운동을 직선이 아닌 원운동으로 보았고, 낙하 운동을 외부로부터의 운동 요인이 없는 자연 운동으로 보았다. 그러나 뉴턴은 관성 운동이 직선 운동임을, 낙하 운동 역시 인력 작용에 의해 생긴 가속도 운동임을 제시했다. 그리고 이 운동을 수학적으로 기술하는 마무리 작업(미적분화)까지 잊지 않았다.

뉴턴의 운동 법칙은 그 물체가 우주에 있는 것이든 지상에 있는 것이든 그 힘과 운동의 원리를 보편적으로 설명해내는 법칙이며, 오늘날에도 '일상생활'에서 경험할 수 있는 온갖 운동의 원리를 설명해줄 수 있다. 그러나 19세기 말에서 20세기 초에 과학자들이 발견한 특수한 세계에서는 뉴턴의 고전역학과 모순되는 운동이 발견되기도 했다. 아인슈타인의 상대성 이론도 그중 하나였다.

고전역학에 따르면, 운동은 모두 상대적이다. 그래서 운동하는 물체를 운동하는 관찰자가 관찰할 때와 정지해 있는 관찰자가 관찰할 때 물체의 속도가 다르게 관찰된다(이것을 갈릴레이·뉴턴의 상대성 원리라고 한다). 그런데 맥스웰의 연구와 헤르츠, 마이컬슨·몰리의 실험은 빛의 속도가 어디에서나 일정하다는 결론을 내놨다. 고전역학이라면 운동하는 물체와 정지해 있는 물체에서 나오는 빛의 속도가 엄연히 달라야 한다. 아인슈타인의 특수 상대성 이론은 이 모순을 해결하기 위해 등장한 것이다. 아인슈타인은 고전역학의 상대성 원리가 공간의 상대성은 인정하되 시간은 절대적이라고 전제한 데 오류가 있다고 보고, 시간마저 관찰자에 따라 상대적이라는 개념을 도입했다. 그 결과 한 관찰자가 어떤 두 사건이 동시에 일어났다고 판단하더라도, 그 관찰자에 대해 운동하고 있는 또 다른 관찰자는 동시에 일어난 사건으로 보지 않는다. 아인슈타인은 빛의 속도가 일정하다는 전제와 '속도=거리/시간'이라는 기본적인 공식에 근거해, 만약 정지해 있는 관찰자가 빛의 속도에 가깝게 운동하는 물체를 관찰하게 되면, 시간이 느려지고 물체가 운동하는 방향으로 길이가 줄어들어 보이며(로런츠·피츠제럴드의 수축) 물체의 질량은 증가한다($E=mc^2$)는 결론을 이끌어냈다. 아인슈타인은 등속으로 운동하는 물체를 가정한 특수 상대성 이론에 이어, 1916년 가속도까지 포함해서 다룬 일반 상대성 이론을 발표했다.

고전역학이 설명하지 못하는 또 다른 부분은 바로 분자·원자·소립자 등이 운동하는 미시세계 관련 부분이다. 이는 20세기 초 양자역학에 의해 설명된다.

밀리컨의 기름방울 실험

★ 로버트 밀리컨(Robert Millikan, 1868~1953)

밀리컨은 전자의 전하량을 측정했다

그의 실험은 전자가 전기의 기본 단위임을 증명했다. 즉 전기는 전자의 흐름인 것이다.

밀리컨은 현미경에 붙어 있는 작은 박스를 이용한 독창적인 실험을 고안했다. 그는 분무기를 이용해 기름방울을 2센티미터 떨어진, 두 개의 전하를 띤 회로 기판 사이에 떨어뜨렸다. 그리고 전압을 조정해 기름방울이 기판 사이에서 안정될 때까지 기판 위의 전하를 변화시켰다. 기름방울의 위치를 결정하는 것은 기름방울에 걸리는 전하(위쪽으로 작용하는 전기력)와 기름방울의 무게(아래쪽으로 작용하는 중력)였다.

실험을 통해 밀리컨은 전자의 기본 전하량을 1.6×10^{-19}쿨롬으로 계산했는데, 이 전하량을 단위 (-)전하라고 한다. 이 전하량은 더 이상 나누어질 수 없다. 밀리컨은 또한 전자의 무게가 양성자의 1/1837에 해당하는 9.1×10^{-31}킬로그램임을 보였다.

1923년 밀리컨은 미국인으로는 두 번째로 노벨 물리학상을 받았다(최초의 미국인 수상자는 1907년에 수상한 마이컬슨이다). 밀리컨은 아인슈타인이 1905년에 발표한 광전자 효과에 대해 들었을 당시 그것이 틀린 이론이라고 생각했다. 빛은 파동이라고 생각했기 때문이다. 그러나 오랫동안 아인슈타인의 이론을 연구하면서 결국 아인슈타인의 이론을 실험적으로 증명해냈다. 또 플랑크상수의 값을 구하기도 했다. 그럼에도 그는 아인슈타인의 이론이 실험적으로는 매우 정확하게 보일지라도 이론적으로는 여전히 만족스럽지 못하다고 생각했다. 하지만 1950년에 발간한 자서전에서 밀리컨은 자신의 작업이 아인슈타인이 애초에 제안한 것 이상의 다른 해석을 보인 것은 아니었다고 하면서 아인슈타인의 이론을 받아들였다. 밀리컨은 1920년대 이후에는 스펙트럼 분석 연구를 통해 밀리컨선(파장이 가장 짧은 자외선)을 발견했으며, 우주선(cosmic ray)을 연구하기도 했다.

밀리컨은 언젠가 이런 말을 했다. "무슨 일에든지 주의를 기울이는 습관을 기르고, 기회를 잡도록 노력하며, 현명한 사람의 말에 귀 기울여라. 무관심과 부주의는 당신이 항상 마주치는 두 가지 가장 큰 위험이다. 관심과 주의는 당신에게 가르침을 줄 것이다."

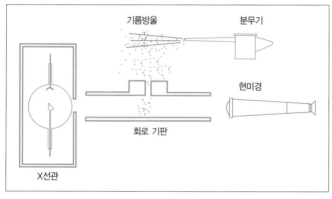

밀리컨의 실험

덴마크

pH 값

★ 쇠렌 쇠렌센(Søren Sørensen, 1868~1939)

pH 값은 산과 염기의 척도다. 0(가장 산성)에서 시작해서 14(가장 염기성)까지 있다. 중성 용액은 pH 값이 7이다. pH 값은 용액이 산성일 때 7 이하의 값을 갖고, 염기성일 때 7보다 큰 값을 갖는다

이 값은 로그 값이다. 예를 들어 pH 값이 4인 맥주 한 잔은 pH 값이 5인 블랙커피 한 잔보다 열 배나 더 산성이다.

pH(potential of hydrogen, 수소 이온 농도의 지수 함수로 '페하'라고도 한다) 값은 물에 녹아 있는 수소 이온의 농도를 측정한 값이다. 그러므로 물에 녹아 있는 산 또는 염기의 정도를 측정하는 데만 이용될 수 있다. 다음은 일상에서 볼 수 있는 몇 가지 용액의 pH 값이다.

건전지에 이용되는 산	0.1~0.3	마시는 물	6.3~6.6
위액	1.0~3.0	순수한 물	7.0
식초	2.4~3.4	바닷물	7.8~8.3
탄산음료	2.5~3.5	암모니아수	10.6~11.6
재배토	6.0~7.0	세제	14

175개 핵심 이론으로 배우는 과학 지도 그리기

초전도

헤이커 오너스(Heike Onnes, 1853~1926) ★

매우 낮은 온도에서 몇몇 물질들은 아무런 저항 없이 전류가 통할 수 있게 되며
이로 인해 에너지의 손실이 거의 없게 된다

이러한 물질들을 초전도체(superconductor)라고 하며, 공학적
으로 많은 분야에 응용할 수 있다.

1908년 물리학자 오너스는 헬륨의 온도를 절대 영도(-273.15도)에 가깝게 낮추
었다. 금속이 극저온에서 갖는 성질에 대해 알아보려는 것이었다. 그는 1911년
마침내 수은과 납, 주석 같은 금속이 극저온에서 초전도체가 되는 것을 발견했다.
그는 이러한 발견으로 1913년에 노벨 물리학상을 수상했다.

오늘날에는 스물네 개의 원소와 수백 가지의 화합물들이 헬륨을 이용해서만
얻을 수 있는 절대 영도에 가까운 온도에서 초전도체가 된다는 것이 알려졌다. 헬
륨은 매우 비싸기 때문에 1986년까지 초전도체 공학 분야에서는 미미한 발전만
이 이루어졌지만, 1986년에 과학자들이 액체 질소에서 얻을 수 있는 -196.0도에
서 초전도체가 되는 금속성 세라믹 화합물을 제조했다.

초전도체는 의학 분야에서도 요긴하다. 가장 중요한 적용 사례는 바로
MRI(Magnetic Resonance Imaging, 자기공명영상)로 의사들이 환자의 몸을 검사하
는 데 사용된다. MRI는 매우 강력한 전자기장을 이용해 작동한다. 여기에 필요한
자석을 일반적인 금속으로 만들 경우, 트럭만큼이나 큰 부피에, 말 그대로 강물로
만 냉각할 수 있을 정도의 많은 열이 발생할 것이다. 이것을 초전도체 전자석으로
하면 아무런 열 발생 없이 동일한 규모의 작동을 할 수 있다. 또한 크기도 커피 탁
자에 올려놓을 수 있을 정도로 작다.

러더퍼드의 원자 모형

★ 어니스트 러더퍼드(Ernest Rutherford, 1871~1937)

원자에는 매우 높은 밀도로 (+)전하가 집중되어 있는 부분이 있다. 이 부분이 핵이다. 원자 내 대부분의 공간은 비어 있으며, 여기에 핵의 주위를 도는 전자가 있다. 이는 마치 태양 주변을 도는 행성과 같다

러더퍼드의 모형은 비록 후대 과학자들에 의해 약간의 수정이 가해지긴 했지만, 오늘날에도 원자를 가장 정확하게 표현한 것으로 여겨진다.

뉴질랜드 태생의 러더퍼드는 방사선 이론을 펴낼 당시인 1902년, 캐나다에 있는 맥길(McGill)대학교의 물리학과 교수였다. 그의 이론은 "방사선은 원자의 핵이 더 작은 부분으로 쪼개지는 현상인 핵분열에 의해 발생한다. 방사성 원자는 알파선, 베타선, 감마선 등 세 종류의 방사선을 방출하며 새로운 원자로 변화한다"라는 것이었다. 그의 이론은 처음에 많은 의혹을 받았다. 어느 동료는 "방사성 물질이 습관성 자살 마니아란 말인가?"라며 빈정거리기도 했다. 그러나 러더퍼드는 원자의 붕괴에 대한 이론으로 1908년에 노벨 화학상을 수상했다. 그는 친구들에게 "내가 아는 한 가장 빠른 변화는 내가 물리학자에서 화학자로 변한 것이다"라고 기쁘게 말했다.

1909년 영국 맨체스터대학교에서 재직 중이던 러더퍼드는 훗날 가이거계수기를 발명한 동료 한스 가이거(Hans Geiger, 1882~1945)와 뛰어난 학생 어니스트 마스던(Ernest Marsden, 1889~1970)에게 (+)전하를 지닌 헬륨이 발산되는 알파선 붕괴에 대해 연구해보라고 권유했다. 입자는 거의 모두가 원자에 비해 1,000배나 두꺼운 금박을 그냥 통과해버리지만, 2만 개 중 하나의 꼴로 튕겨 나온다.

톰슨의 원자 모형을 기초로 한 계산에 따르면, (+)전하를 지닌 알파선은 총알이 종이를 뚫고 지나가듯 금박을 뚫고 곧바로 나아가야 옳다.

러더퍼드 원자 모형

그런데 실험의 결과는 러더퍼드를 놀라게 했다. 그는 당시의 감정을 "이는 15인치 탄환을 종이에 대고 쐈을 때, 그것이 튕겨 나오는 것처럼 믿을 수 없는 일이었다"라고 훗날 술회했다. 이러한 현상을 설명하기 위해 러더퍼드는 "금박 원자가 대부분 빈 공간으로 되어 있으며, 원자의 질량과 전하 대부분이 핵이라 불리는 매우 작은 부분에 집중되어 있다"라는 주장을 했다. 알파선의 대부분은 이 핵에 부딪히지 않고 금박을 통과할 수 있다.

러더퍼드는 새로운 원자 모형을 "원자에는 핵이라 불리는, 밀도가 매우 높고 (+)전하가 집중되어 있는 부분이 있다. 그리고 원자의 대부분의 공간은 비어 있으며, 여기에 태양을 공전하는 행성들처럼 핵 주위를 움직이는 전자가 있다"라고 설명했다. 그 후, 12개월 동안 가이거와 마스던은 계속해서 실험을 진행해 결국 새로운 모형이 옳다는 것을 증명했다.

참고하기 보어의 원자 ▶ 167

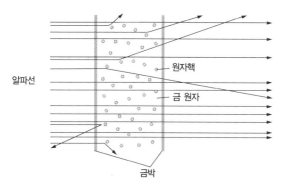

알파선

원자핵

금 원자

금박

금박을 이용해 원자핵의 존재를 증명한 실험 | 대부분의 알파선은 금박을 뚫고 지나가는데 왜 소수의 알파선은 방향이 틀어지거나 튕겨 나오는가를 보여준다.

브래그의 법칙

★ 헨리 브래그(Henry Bragg, 1862~1942)
로런스 브래그(Lawrence Bragg, 1890~1971)

광물의 입자에서 분산된 X선은 $2d\sin\theta = n\lambda$의 공식에 따라 파장이 λ인 보강간섭을 보이게 된다. 이 공식에서 d는 원자와 입자 사이의 거리이며, θ는 X선이 분산된 각도 그리고 n은 자연수의 상수다

공식이 복잡해 보이긴 하지만, 이 법칙은 원자와 분자의 경이로운 초미세 세계를 연 X선결정학(X-ray crystallography)이라는 독창적인 학문의 주춧돌이 되었다.

파동이 장애물과 충돌하게 되면 장애물의 뒤쪽으로 돌아 들어가게 되는데, 이를 '회절'이라 한다. X선 역시 전자기적인 파이므로 물질에 충돌할 때 회절 현상이 나타난다. 그런데 이렇게 X선이 물질에 입사될 때, 그 물질을 구성하는 원자의 종류나 배열 상태에 따라 X선 회절의 방향과 강도가 달라지게 된다. 브래그는 이 X선 회절을 조사함으로써 물질의 미세한 결정 구조를 확정하는 법칙을 밝혀낸 것이다.

헨리와 로런스는 부자지간이었다. 헨리는 1886년에 영국에서 오스트레일리아로 건너갔으며, 거기서 로런스를 낳았다. 이들 부자가 X선결정학의 기초가 된 결정 구조 연구를 함께 진행한 것은 1909년 영국으로 돌아온 이후부터였다.

X선과 결정의 원자 구조에 관한 개척자적인 업적과, 결정 내의 원자가 과일 가게에 오렌지가 쌓여 있듯이 일정한 형태로 정렬되어 있다는 발견을 통해 그들은 1915년에 노벨 물리학상을 공동으로 수상했다. 부자가 함께 이 상을 수상한 것은 이들이 유일하다. 로런스는 아직도 최연소 노벨상 수상자의 기록을 갖고 있다(그의 나이 25세 때 수상했다).

보어의 원자

닐스 보어(Niels Bohr, 1885~1962) ★

원자 내의 전자는 선택 허용 궤도(allowed orbit)라고 불리는 정해진 궤도를 따라서만
움직이던, 하나의 허용 궤도에서 다른 허용 궤도로 이동이 가능하다

이것은 원자의 내부 구조에 대한 첫 번째 양자 모형이었다.

맨체스터대학교에서 러더퍼드와 함께 일하던 보어는 전자가 정해진 궤도 없이
원자핵 주위를 움직인다는 러더퍼드의 원자 모형을 수정했다. 보어의 모형은 전
자가 정해진 궤도를 따라 움직인다는 것을 증명했을 뿐 아니라, 다음의 내용도 포
함하고 있다.

- 전자의 궤도는 원자핵에 가까울수록 에너지가 낮은 상태이며, 원자핵에서 멀어지
  면서 점차로 에너지가 증가한다.
- 전자가 낮은 단계의 궤도로 이동할 때, 양성자를 발산한다.
- 전자가 에너지를 흡수하면 더 높은 단계의 궤도로 이동한다.

n=3
n=2
n=1
에너지 증가
양성자

보어의 원자 모형

보어는 하나의 궤도에서 다른 단계의 궤도로 이
동하는 것을 양자 비약(quantum leaf 혹은 quantum
jump)이라고 불렀으며, 전자가 그 두 궤도 사이를
가로질러 움직이지는 못한다고 보았다. 보어는
1922년에 노벨 물리학상을 수상했다.

■ 참고하기 ┃ 파울리의 배타 원리 ▶ 174

베게너의 대륙이동설

★ 알프레트 베게너(Alfred Wegener, 1880~1930)

지표면은 한때 거대한 단일 대륙이었다. 이것이 2억 5,000만 년 전, 오늘날 우리가 아는 대륙들로 갈라지기 시작했고, 지금의 위치까지 계속해서 이동해왔다

지금도 지표면은 계속해서 이동하고 있다.

베게너가 대륙이동설을 담은 『대륙과 해양의 기원 Die Entstehung der Kontinente und Ozeane』이라는 책을 냈을 때, 그의 이론은 증거가 부족하다 하여 중요하게 받아들여지지 않았다. 심지어 어느 유명한 과학자는 "완전히 얼토당토 않은 실없는 소리"라고까지 했다. 이러한 견해는 1960년대까지 지속되어오다가 새로운 기술의 발달로 지질학적, 해양학적 증거가 발견되면서 바뀌었다.

1962년 미국의 지질학자 해리 헤스(Harry Hess, 1906~1969)는 해저확장설을 주장했는데, 이것은 대서양의 중앙부와 태평양 및 인도양을 가로지르는 64,000킬로미터 길이의 좁은 골짜기인 중앙해령(mid-ocean ridge)을 따라서 해저면이 계속해서 갈라지고 있다는 이론이었다. 지구의 맨틀(지구 내부의 핵과 지각 사이의 부분)에서 올라온 화산성 물질들이 이 골짜기를 메우면서 계속해서 새로운 해양지각(oceanic crust)을 만들어내는 것이다.

오늘날에는 판구조론(plate tectonics)이 과거의 대륙이동설과 해저확장설을 통합해 설명하고 있다. 이 이론은 지구의 단단한 표층, 즉 암석권이 여섯 개의 주요 판과 몇몇의 작은 판으로 이루어져 있으며, 계속해서 서로 움직이고 있다는 것이다. 두께 70킬로미터에서 150킬로미터의 판들이 거대한 뗏목처럼 대륙과 해저면을 짊어지고 이리저리 수송하는 것이다. 이 판들은 느리게 움직이는 얼음처럼, 암석권 아래 있는 준유동층(semi-fluid layer)인 맨틀 위를 떠다닌다. 이 여러 개의 판들은 1년에 2센티미터씩(인간의 손톱이 자라는 속도와 비슷하다) 움직인다.

이 판들이 서로 맞닿게 되는 경계면에서는 각 판들의 마찰로 인해 지진과 화산 등의 지질 활동이 일어난다. 따라서 지진과 화산의 발생 분포도를 보면 각 판들의 경계면에서 집중적으로 발생되고 있음을 알 수 있다. 또 이 경계면에서 판들이 벌이는 상호 작용은 지형의 대대적인 변화를 가져오기도 한다.

판 사이에 충돌이 발생하면 산맥을 형성하고, 반대로 서로 멀어지면 바다가 생성된다. 판들이 서로 미끄러지면 중앙해령을 형성한다. 캘리포니아에 있는 샌앤드레이어스 단층(San Andreas Fault)은 판들이 서로 미끄러진 대표적인 예다.

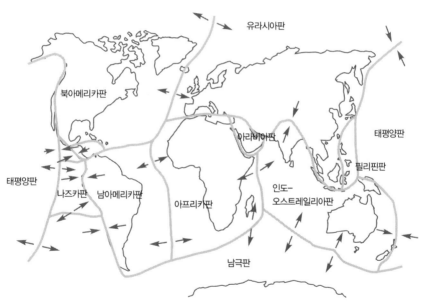

판구조론 | 단단한 지표면은 여러 개의 판으로 나뉘어 있다.

일반 상대성 이론

★ 알베르트 아인슈타인(Albert Einstein, 1879~1955)

물체가 인력을 통해 서로를 끌어당기지는 않지만, 우주에서 물체의 존재는 중력장을 형성해 공간이 휘어지게 한다. 중력은 우주의 고유한 특성이다

이 이론은 빛이 중력에 의해 휘어진다는 것과 지구와 같은 거대한 천체 근처에서 시간의 속도가 느려진다는 것을 예측했다.

아인슈타인은 다른 별에서 나오는 빛이 태양을 통과할 때 태양의 중력에 의해 지구 쪽으로 휘어진다고 예측했다. 따라서 개기일식 때에도 태양 뒤쪽에 있는 별을 볼 수 있다는 것이었다. 1919년 5월 25일에 발생한 개기일식은 아인슈타인의 이론을 증명할 기회가 되었다. 아서 에딩턴(Arthur Eddington, 1882~1944)이 이끄는 영국 과학자들은 개기일식을 관측하기 위해 아프리카 서해안에 위치한 프린시페(Príncipe) 섬과 브라질 북부에 있는 소브라우(Sobral) 두 곳에 관측 시설을 설치했다. 관측 결과 아인슈타인의 이론이 옳았음이 밝혀졌다. 아인슈타인은 기쁜 마음을 어머님께 엽서로 전했다. "영국의 조사단이 태양을 통해 나오는 별빛의 휘어짐을 측정했습니다." 2세기 이상 과학계를 지배했던 뉴턴의 중력 법칙은 이때부터 도전에 직면하게 되었다.

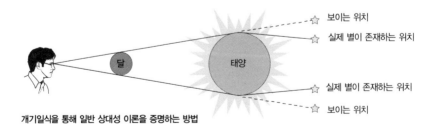

개기일식을 통해 일반 상대성 이론을 증명하는 방법

브뢴스테드·로리의 산, 염기 정의

요하네스 브뢴스테드(Johannes Brønsted, 1879~1947) ★
토머스 로리(Thomas Lowry, 1874~1936)

산은 화학 반응에서 양성자(수소 원자의 핵, H^+)를 제공하는 분자나 이온이며
염기는 그것을 받아들이는 분자나 이온을 말한다

간단히 말해서, 산은 양성자 공급자이며 염기는 양성자 수요자다.

브뢴스테드·로리의 정의는 아레니우스의 정의를 암모니아와 염산 사이의 반응처럼 물이 없는 상태에서 일어나는 화학 반응에도 적용할 수 있도록 확장한 것이다. 브뢴스테드와 로리가 각자의 연구를 통해 동시에 이러한 개념에 도달한 1923년, 미국의 화학자 길버트 루이스(Gilbert Lewis, 1875~1946)는 이 개념에 보다 일반화된 정의를 내렸다. 그는 산은 하나의 전자쌍을 받을 수 있는 분자나 이온을, 염기는 하나의 전자쌍을 줄 수 있는 분자나 이온을 의미한다고 했다. 루이스의 정의는 또한 금속산화물이 왜 염기성인지(이 물질들은 산화물 형태의 이온을 포함하고 있어 두 개의 전자를 제공할 수 있다) 그리고 비금속산화물들이 왜 산성인지(산화물 형태의 이온이 비금속과 결합하기 위해 두 개의 전자를 받아들인 형태)에 대해서도 설명해준다.

모든 화학 전공자들은 산이 파란 리트머스 시험지를 붉게 바꾼다는 것과 염기가 붉은 리트머스 시험지를 파랗게 바꾼다는 것을 알고 있다. 하지만 가장 강력한 산이 플루오르화수소산(hydrofluoric acid)에 80퍼센트 용해한 오플루오르안티몬산(antimony pentafluoride)이라는 것과 가장 강력한 염기가 수산화세슘(caesium hydroxide)이라는 것은 잘 알려져 있지 않다.

드브로이파장

★ 루이 드브로이(Louis de Broglie, 1892~1987)

광자(photon)와 마찬가지로 전자와 같은 입자도 파장과 입자의 이중성을 갖고 있으며, 광파와 유사한 특성을 보인다

파동이 입자처럼 작용할 수 있다면 왜 입자는 파동처럼 작용할 수 없을까? 이 의문은 드브로이가 파동역학의 발전에 중요한 역할을 담당한 자신의 이론을 세우는 데 도움을 주었다.

드브로이파장으로 알려진 물질 입자의 파장 λ(그리스어 문자 람다의 소문자)는 공식 $\lambda=b/p$로 나타낼 수 있다. 이때, b는 플랑크상수를, p는 입자의 운동량(momentum, 질량에 속도를 곱한 값)을 의미한다. 광자의 파장과 운동량 사이에도 역시 동일한 공식이 적용된다.

전자의 파동성은 1927년에 실험적으로 증명되었다. 이 실험은 영의 이중 틈새 실험과 유사했으나, 한 가지 차이점은 틈새의 넓이가 0.1나노미터였다는 것이다. 좀더 최근에는 과학자들이 풀러린(fullerene, 탄소 원소 60개가 축구공 모양으로 결합하여 생긴 탄소의 클러스터 C60, 일명 '버키볼') 크기의 분자를 간섭 격자 사이로 통과시켜 고유의 간섭 패턴을 만들어내는 방법으로 모든 원자와 분자가 파동처럼 작용할 수 있다는 사실을 증명했다.

파리의 소르본대학교에서 수학한 드브로이는 전자의 파동성에 관한 이론을 자신의 박사학위 논문으로 제출했다. 시험관들은 그의 혁신적인 이론이 너무도 기괴해서 아인슈타인에게 검토해달라고 부탁했다. 아인슈타인은 이 요청에 "이 이론은 미친 것처럼 보이지만, 실제로는 맞는 이론이다"라고 답변했다. 결국 이 논문은 통과했고, 5년 후인 1929년에 드브로이는 노벨 물리학상을 수상했다.

보스·아인슈타인 응축체

사티엔드라 보스(Satyendra Bose, 1894~1974) ★
알베르트 아인슈타인(Albert Einstein, 1879~1955)

절대 영도(-273.15도)에 가까운 온도에서 원자와 분자는 각각의 독립성을 잃고
하나의 초원자(super atom)로 병합된다. 이러한 초원자를 보스·아인슈타인 응축체라고 한다

고체, 액체, 기체 및 플라스마(형광등이나 태양에서 볼 수 있는
고온의 이온화된 기체)와 같이 보스·아인슈타인 응축체도 물질이 취할
수 있는 하나의 상태다.

양자역학에서 가장 기초가 되는 입자들은 특정 환경에서 파동처럼 작용한다.
파동은 어떤 특정 순간에 입자가 존재할 가능성이 가장 많은 장소를 보여준다.
1924년 독일에 거주하고 있던 아인슈타인은 인도 출신의 물리학자 보스가 처음
제안했던 아이디어를 바탕으로 원자가 절대 영도에 가깝게 내려가면 각 파동이 확
장되다가 마침내 중첩된다고 예측했다. 각각의 기본 입자들이 하나의 양자 상태로
병합된다는 것이다. 이러한 독특한 상태를 보스·아인슈타인 응축체라고 한다.

1995년 미국의 과학자 칼 위먼(Carl Wieman, 1951~)과 에릭 코넬(Eric Cornell,
1961~)은 실험실에서 보스·아인슈타인 응축체를 만들어내는 데 성공했다. 그들
은 루비듐(rubidium) 원자를 절대 영도에 근접한 아주 낮은 온도로 냉각했다. 그
들은 실험에 성공한 15분 동안, 루비듐 원자를 담은 병을 전 우주에서 가장 차갑
고 안정된 상태로 만들었을 뿐 아니라 물질의 새로운 상태를 창조했다.

보스·아인슈타인 응축 현상을 보이는 입자들은 보손(boson) 집단에 속하는 입
자들이다.

파울리의 배타 원리

★ **볼프강 파울리**(Wolfgang Pauli, 1900~1958)

하나의 원자 내에 존재하는 어떠한 두 개의 전자도 동일한 양자수(quantum number)를 가질 수 없다

양자수는 입자의 전하와 회전량 같은 특성을 결정짓는다.

이 이론의 주요 적용 분야 중 하나는 원자 내의 전자껍질(electron shell, 원자 구조 모델에서 원자핵 주변의 거의 같은 에너지를 가지는 전자 궤도의 모임)에 관한 것이다. 배타 원리에 따르면 하나의 전자 궤도, 즉 에너지 단계에는 두 개 이상의 전자가 존재할 수 없으며, 이 중 하나가 시계 방향으로 회전을 하면 다른 하나는 반시계 방향으로 회전한다.

전자는 전자 궤도를 포함하는 전자껍질의 단위로 묶여 있다. 이 전자껍질들은 핵에서 멀어지는 순서대로 번호가 매겨지는데(n=1, 2, 3……), 이 번호를 주양자수(principal quantum number)라고 한다. n=1일 때의 전자껍질을 K 껍질, n=2, 3, 4……일 때를 L, M, N…… 껍질이라 한다. 여기서 n의 증가는 각각의 전자껍질에 포함된 에너지의 증가와 핵에서 전자껍질이 떨어져 있는 거리의 증가를 의미한다. 각각의 전자껍질은 몇 개의 버금껍질(subshell) 혹은 에너지 버금준위(energy sublevel)를 갖는다. 하나의 전자껍질은 n개의 버금껍질을 가질 수 있다. 각각의 버금껍질에는 번호와 문자(s, p, d, f, g……)가 주어진다. 예를 들어, 리튬(Li)의 전자껍질 구조는 $1s^2 2s^1$로 표시하며, 이는 첫 번째 전자껍질의 s 버금껍질에 두 개의 전자가, 두 번째 전자껍질의 s 버금껍질에 한 개의 전자가 존재하고 있음을 의미한다.

원자 구성 입자들의 각운동량(회전 운동하는 물체의 운동량)을 스핀(spin)이라 하는데, 이 스핀이 정수(整數)냐 반(半)정수냐에 따라 입자들은 보손(boson)이나 페르미온(fermion)이라는 입자군에 속하게 된다. 중력자(重力子)·광자(光子)·글루온(gluon) 등은 보손, 중성미자·양성자·중성자·중간자 등은 페르미온이며, 전자 역시 스핀이 1/2인 페르미온이다. 파울리의 배타 원리는 이 페르미온 입자들에게만 적용된다.

즉 전자는 파울리의 배타 원리에 따라 동일한 상태에 2개 이상 들어갈 수 없으므로, 하나의 전자껍질은 최대 $2n^2$ 개의 전자를 가질 수 있다. 즉 K 껍질에는 2개, L 껍질에는 8개, M 껍질에는 18개의 전자만이 들어간다. 이렇게 되면, 원자 내의 전자 수가 그 원자번호와 일치하게 되고, 원자번호의 증가에 따라 늘어나는 원자 내의 전자는 에너지가 낮은 껍질부터 차례로 들어가서 주기율(週期律)이 성립되는 것이다.

결국 파울리의 이론은 현대의 주기율표에 이론적 기초를 제공했고, 파울리는 이 이론으로 1945년에 노벨 물리학상을 수상했다.

원자에 대한 탐구

기원전 5세기경의 데모크리토스의 원자론은 고대 원자론 중에서 가장 중요한 것으로 평가받는다. 그는 물질이 빈 공간과 원자라는 여러 작은 입자로 이루어져 있다고 주장했다. 그의 원자론은 물질은 완전히 동일하고 균질하다고 주장한 아리스토텔레스에 의해 반박돼 2천 년이 넘도록 주목받지 못했고, 그 기간 동안은 '물질 세계의 질서 원리'와 같은 '철학적'인 성격의 원자론들이 성행하게 된다.

그러다가 17세기에 이르러 피에르 가상디(Pierre Gassendi, 1592~1655)가 데모크리토스의 원자론을 부활시키면서, 비로소 과학적인 원자론이 본격적으로 연구되기 시작한다.

특히 18세기 초 돌턴은 "화학원소란 이미 알려진 방법으로는 더 이상 분석할 수 없다"라는 라부아지에의 주장을 받아들여 새로운 원자론을 발표한다. 즉 모든 물질은 원자로 이루어져 있으며, 원자는 새로 생겨나지도 않고 더 이상 쪼개지지도 않는다는 것이다. 그의 원자 모형은 단순한 구형이었다.

그러다가 1897년이 되면 톰슨에 의해 새 모형이 제시된다. 음극선 연구에 몰두하다가 전자를 발견한 그는 양성자와 전자가 들어 있는 원자 모형을 제시한다. 그는 원자가 (+)전하를 가진 구이고, 그 주변을 (-)전하를 지닌 전자들이 둘러싸고 있다고 결론지었다. 그리고 이 전자들이 원자의 (+)전하를 중성화시킨다고 보았다.

그러나 톰슨의 제자였던 러더퍼드는 톰슨의 원자 모형이 알파선을 이용한 입자 산란 실험의 결과와 모순됨을 발견하게 됐다. 톰슨의 모형을 따른다면 (+)전하를 지닌 알파선이 금박을 곧장 뚫고 지나가야 하는데, 금박을 통과하지 못하고 큰 각도로 휘는 알파선이 나왔던 것이다. 이를 통해 러더퍼드는 원자의 질량과 대부분의 전하가 '핵'이라고 하는 한 부분에 집중돼 있다는 모형을 제시한다. 즉 (+)전하를 지닌 양성자들이 원자핵 안에 집중적으로 들어 있고, 그 주위를 전자가 돌고 있다는 것이다. 이는 마치 행성들이 태양을 공전하는 것과 비슷해 '행성 모형'이라고도 불린다. 그러나 러더퍼드의 모형 역시 문제점을 안고 있었다. 만약 전자가 원자핵 주위를 원운동한다고 한다면, 전자는 전자기파를 방출하며 운동하므로 에너지를 잃고 원자핵에 끌려가게 되어 원자 자체가 존립이 불가능하게 된다. 그러나 실제 전자는 원자핵에 흡수되지 않는 것이다.

이런 모순을 해결하고자 나온 모형이 1913년의 보어의 원자 모형이었다. 보어는 전자가 허용된 궤도만을 따라 움직인다고 하였고, 그 궤도 내에서 움직일 때는 전자기파를 방출하지 않는다고 했다. 또 이 궤도는 여러 개가 존재하는데 원자핵에 가까울수록 낮은 에너지 상태라는 것, 그리고 전자가 낮은 단계의 궤도로 이동하게 되면 양성자를 발산한다는 것 등을 제시했다. 보어가 제시한 전자의 궤도는 양자론적인 개념이었다. 즉 궤도가 연속적으로 존재하는 것이 아니라 띄엄띄엄 떨어져 있다는 것이었다.

오늘날에 가장 인정받고 있는 원자 모형은 양자역학을 토대로 하고 있다. 전자의 위치와 운동을 어느 하나의 값으로 특정 지을 수 없고, 다만 어느 공간 내에서 전자가 발견될 확률만을 제시한다. 이 확률을 나타내는 함수를 오비탈(orbital)이라 하는데, 이 함수의 그래프를 그려보면 확률이 높은 곳과 낮은 곳이 진하고 옅게 표시되어 전체적으로 구름과 같은 분포를 보이기 때문에 '전자 구름 모형'이라 부르고 있다.

슈뢰딩거방정식

★ 에어빈 슈뢰딩거(Erwin Schrödinger, 1887~1961)

이 복잡한 수학 공식은 원자 내에 존재하는 전자와 같이, 입자가 파동으로 바뀌는 패턴을 설명한다. 이 공식의 해는 특정 위치에서 입자를 발견할 수 있는 확률을 의미한다

파동역학의 기본이 되는 이 공식은 입자의 파동성을 설명해 준다.

슈뢰딩거방정식은 하이젠베르크의 행렬역학과 함께 양자역학의 기반을 이룬다. 양자역학에서는 모든 물질이 입자성과 파동성을 모두 가지고 있다고 본다. 슈뢰딩거 역시, 전자와 같은 입자도 파장과 입자의 이중성을 갖고 있다는 드브로이파동에 영향을 받아 이 방정식을 도출한 것이다.

슈뢰딩거방정식에 따르면 물질의 존재 형태를 '파동'으로 기술할 수 있고, 이 방정식을 통해 얻어진 '파동함수'에 의해 입자의 상태가 확률로서 결정된다. 즉 고전역학에서는 뉴턴의 운동방정식에 의해 결정적인 해가 구해지지만, 양자역학의 슈뢰딩거방정식에서는 확률로 구해지는 것이다. 슈뢰딩거에 의하면, 전자는 파동으로 보일 수도 있고 입자로 보일 수도 있지만 과학자가 전자를 관찰하는 순간에는 오직 파동으로만 보이거나 오직 입자로만 보인다.

슈뢰딩거방정식을 모른다 해도, 그의 고양이에 대해서는 들어봤을 것이다. 이 고양이는 실제 고양이가 아니라 '슈뢰딩거의 고양이'라고 불리는 사고 실험(thought experiment, 실행 가능성에 구애되지 않고 사고상으로만 성립되는 실험)의 대상을 의미한다. 이 실험은 슈뢰딩거가 특정한 위치에서 전자를 발견할 확률을 서술하기 위해 1935년 고안한 것이다.

우선, 방사성 물질과 청산가리를 넣은 그릇, 그리고 살아 있는 고양이를 하나의 밀폐된 상자에 넣는다고 상상해보자. 방사성 물질에서 나오는 입자(알파 입자)를 센서가 인식할 경우, 망치가 떨어져 청산가리 그릇이 깨지고 결국 청산가리가 유출된다. 이러한 상황을 양자 사건(quantum event)이라고 한다. 특정한 시간이 흘렀을 때, 양자 사건이 발생했다면 고양이는 죽었을 것이고, 그렇지 않았다면 고양이는 여전히 살아 있을 것이다. 슈뢰딩거는 누군가가 그 상자를 열고 확인하기 전까지는 고양이가 살아 있는 것도 죽은 것도(=전자는 파동도 입자도) 아니라고 주장했다. 고전역학적 입장에서는 고양이는 죽었든 살았든 어느 한 가지로 결정되었다고 본다. 그러나 양자역학에서는 우리가 그것을 관찰하기 전까지는 어떤 것도 결정되어 있지 않다고 이야기한다. 즉 우리의 '관측 행위' 자체가 결과에 영향을 준다는 비결정론적 입장인 것이다. 그러나 과연 고양이는 상자를 열기 전까지 산 것도 죽은 것도 아닌 상태일까? 이 역설은 여전히 풀리지 않았다.

1933년 슈뢰딩거는 양자역학에 대한 업적으로 노벨 물리학상을 수상했다.

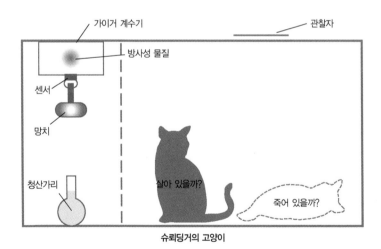

슈뢰딩거의 고양이

하이젠베르크의 불확정성 원리

★ 베르너 하이젠베르크(Werner Heisenberg, 1901~1976)

전자와 같은 기본 입자의 위치와 운동량을 동시에 측정하는 것은 불가능하다

이 이론은 안정된 상태에 있는 입자의 존재를 부정한다. 불확정성 원리는 양자 이론의 주춧돌이 되었다.

기본 입자의 위치와 운동량(질량과 속도를 곱한 값)을 동시에 측정하기 위해서는 두 번의 측정이 필요하다. 뉴턴의 운동 법칙에 근거한 고전역학의 입장에서는 이 두 개의 값(위치의 값과 운동량의 값)을 동시에 측정하는 것이 가능하고, 단지 현재 그 값이 정확하지 않은 것은 측정 기술이 불충분하기 때문이라고 여겼다.

하지만 양자역학에서는 이 두 개의 값을 동시에 정확하게 측정하는 것은 불가능하다고 말한다. 불확정성 원리에 따르면, 첫 번째 측정은 입자의 상태를 교란시켜 두 번째 측정값에 영향을 끼친다. 이처럼 입자의 위치를 더 정확하게 측정할수록 운동량의 측정값은 더욱 불안정해진다.

측정으로 인한 교란은 너무도 작아서 실제 인간이 인식할 수 있는 거시 세계에서는 무시할 수 있을 정도지만, 원자 단위의 미시 세계의 입자에게는 매우 큰 영향을 끼친다. 불확정성 원리는 또한 에너지와 시간에도 적용할 수 있다. 입자의 역학에너지 역시 정확하게 측정하는 것이 불가능하다. 어느 한순간(시간)의 에너지의 정확한 값은 에너지의 불확정성에 의해 측정할 수 없다는 것이다. 하이젠베르크의 불확정성 원리는 물질이 파동성과 입자성을 동시에 가지고 있다는 양자역학의 철학적 원리가 되었다. 하이젠베르크는 이 발견으로 1932년 노벨 물리학상을 수상했다.

하이젠베르크는 불확정성 원리를 발표하기 2년 전인 1925년에 행렬역학을 발표한 바 있다. 이는 양자역학을 설명하는 최초의 역학 체계였다. 매트릭스역학이라고도 불리는 행렬역학은 수학의 행렬대수를 이용해 입자의 물리량(물질계의 성질이나 상태를 나타내는 양)을 설명한 것으로, 이후에 발표된 슈뢰딩거의 파동역학, 디랙의 변환 이론 등과 때로는 경쟁하고 때로는 통합되면서 양자역학의 체계를 세우고 설명하는 기본적인 원리가 되었다.

하이젠베르크는 제2차 세계대전 동안 마지못해 독일의 원자폭탄 프로젝트에 참가하게 된다. 미국전략정보국(Office of Strategic Services, CIA의 전신)은 당시 중립국 스위스의 취리히대학교에서 강의하고 있던 하이젠베르크를 감시하기 위해 요원을 파견하고, 독일의 프로젝트가 성공적으로 진행되고 있다는 작은 실마리라도 잡히면 그를 즉시 사살하라는 명령을 내리기도 했다. 다행히 하이젠베르크는 그 프로젝트에 대해서는 아무런 언급도 하지 않았다. 그는 2차대전 이후에는 원자력을 평화적으로 이용할 것을 주장하며 서독 내 핵무기 배치를 반대하는 과학자 모임을 이끌기도 했다.

디랙의 반물질 이론

★ 폴 디랙(Paul Dirac, 1902~1984)

모든 기본 입자는 질량은 같지만 전하는 반대인 '거울 이미지'의 반(反)물질을 가진다

반입자 개념은 오늘날 원자와 반물질을 구성하는 반원자에도 적용된다.

아마도 〈스타트렉 Star Trek〉의 팬들이라면 우주선 엔터프라이즈(Enterprise) 호가 반물질에서 동력을 얻는다는 것을 알고 있을 것이다. 반물질은 단지 공상 과학 소설에만 나오는 것이 아니라 실제로 존재한다. 1898년, 영국의 물리학자 아서 슈스터(Arthur Schuster, 1851~1934)는 일반적인 물질에 상반되는 전하를 가진 거울 이미지의 색다른 입자 형태가 존재할 수 있다는 특이한 이론을 제안했다. "(−)전하가 존재하는데, (−)극의 금이 왜 존재할 수 없겠는가?"라고 말한 그는 이 아이디어가 단지 상상일 뿐이라고 덧붙였다. 그런데 1928년, 타고난 이론물리학자였던 디랙이 슈스터의 상상에 수학적인 근거를 제공했다. 디랙은 (−)전하를 지닌 전자에 대해 (+)전하를 지닌 전자가 대응물(counterpart)로 존재해야 한다고 예측하며 다음과 같이 말했다. "이 입자는 지금까지 물리적 실험으로 밝혀지지 않은, 전자와 같은 질량을 가지면서 전하만 반대되는 새로운 종류의 입자일 것이다. 나는 그러한 입자를 반전자라고 부르려 한다."

1932년 미국의 물리학자 칼 앤더슨(Carl Anderson, 1905~1991)은 우주선(cosmic radiation)에 존재하는 반전자(오늘날에는 양전자로 알려짐)를 발견해 디랙의 대담한 예측이 옳았다는 것을 증명했다. 또 23년 후, 캘리포니아대학교 버클리캠퍼스의 과학자들은 입자가속기를 사용해 반양성자를 만들었다.

반물질이 일반 물질과 만나게 되면, 서로가 거대한 폭발과 함께 소멸되고, 이들의 질량은 아인슈타인의 $E = mc^2$의 공식에 따라 에너지로 바뀌게 된다. 물질·반물질의 소멸로 발생하는 에너지는 매우 거대하다. 양성자와 반양성자가 충돌해 발생하는 에너지의 경우는 현재 제조된 수소폭탄 위력의 200배에 해당할 정도다. 만일 물질과 반물질이 서로를 소멸시킨다면 지구 상은 물론 태양계 내에서조차 반물질은 존재하지 못할 것이다. 태양풍(태양에서 모든 방향으로 발산되는, 전하를 띤 입자의 분무)이 모든 반물질을 소멸시킬 것이기 때문이다.

과학자들은 반물질이 우주의 다른 부분에 존재할 수 있다고 예상했지만, 지금까지는 아무런 증거도 찾지 못했다. 그러나 그들은 포기하지 않고 반물질을 만드는 작업을 계속하고 있다. 제네바에 있는 유럽원자물리학연구소(Conseil Européen pour la Recherche Nucléaire, CERN)의 연구팀은 1996년 초에 이 목적을 달성했다. 약 15시간 동안 반양성자 광선을 가로질러 분사되는 크세논(xenon) 원자를 가열했는데, 반양성자와 크세논 원자의 핵이 충돌해 전자와 양전자를 만들어냈다. 그리고 이 양전자(반전자)를 다른 광선에 존재하는 반양성자와 결합시켜 가장 간단한 반원자인 반수소 원자를 만들어내는 데 성공한 것이다.

만일 위의 설명이 억지스레 생각된다면 우리가 살고 있는 우주에 대한 반우주 이론에 대해서는 어떻게 생각하는가? 이 세계로 좀더 깊이 들어간다면, 인간 개개인은 자신의 반물질인 반인간을 발견하게 될 것이다. 그렇더라도 당신과 반당신이 함께 소멸될 수도 있으니 악수는 하지 말기를 바란다.

베르거의 뇌파 실험

★ 한스 베르거(Hans Berger, 1873~1941)

뇌는 물리적으로 기록될 수 있는 전기적 신호 혹은 전기 파동을 발생한다

베르거의 시대까지만 해도, 뇌의 내부에서 일어나는 현상은 완전히 신비한 것이었다. 베르거의 뇌에 대한 실험은 현대적인 뇌 연구의 모든 문을 활짝 열었다.

베르거가 신경심리학자로 일하기 시작한 1890년대에는 뇌를 연구하는 방법이 오직 한 가지, 바로 뇌를 절개하는 것뿐이었다. 그러나 베르거는 다르게 생각했다. 그는 심장이 심전도라 불리는 전기적 신호를 발생한다면, 뇌 역시도 전기적 신호를 발생할 것이라고 생각했다. 베르거가 이 이론을 실현하기까지는 30년의 세월이 걸렸다. 1924년 7월 6일, 베르거가 한 환자의 머리에 두 개의 전극을 연결해 전기적인 신호를 얻어냄으로써 그의 인내심은 보상받게 되었다. 그는 1929년에 뇌파를 잴 수 있는 기계(뇌파계)를 만들었고, 뇌파의 전기 신호를 뇌파도(electroencephalogram, 이하 EEG)라 불렀다. 그 후 수년 동안, 여러 나라의 과학자들이 더 발전된 기기를 이용해 베르거의 실험을 되풀이했으며, 이로부터 여러 다른 종류의 파장 기록을 얻었다. 이들은 오늘날 델타파, 세타파, 알파파, 베타파로 알려져 있다. 전 세계적인 찬사에도 불구하고, 베르거는 자국 내에서는 철저히 무시되었다. 'EEG의 아버지' 베르거는 낙담한 채 쓸쓸히 죽었으나, 그의 EEG는 중요한 의학 진단 수단의 하나로 살아 있다.

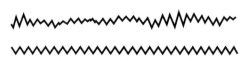

두 개의 다른 종류의 파장을 보인 베르거의 첫 번째 EEG

허블의 법칙

에드윈 허블(Edwin Hubble, 1889~1953) ★

은하는 등가속도를 보이며 우리에게서 멀어지고 있다
더 멀리 떨어져 있는 은하일수록 더 빠르게 우리에게서 멀어지고 있다

위의 법칙은 우주가 풍선처럼 팽창하고 있다는 것을 의미한다.

허블의 법칙은 은하들이 떨어져 있는 거리와 멀어지는 속도의 비가 일정한 상수라는 것을 보여준다. 이 상수를 허블상수(Hubble constant)라고 하며, 오늘날 우주의 팽창 속도는 100광년 멀어질수록 초속 22킬로미터씩 증가한다.

1920년대 초, 허블은 그가 여생을 보내게 되는 캘리포니아의 윌슨산천문대에서 일하기 시작했다. 그곳에서 그는 100인치 망원경을 이용했는데, 이는 당시 최대 크기의 망원경이었다. 이 망원경으로 그는 우리은하(우주의 수많은 은하 중에 우리 태양계가 속해 있는 은하) 너머에 있는 다른 은하들을 발견했고, 이들을 타원형과 나선형, 불규칙형의 세 가지 형태로 구분했다. 오늘날에는 은하에 대해 더 많은 것들이 알려져 있다. 예를 들면, 현재 관측 가능한 우주 안에는 1,250억 개의 은하가 있으며(지금도 세고 있는 중이다), 각각의 은하는 수십억 개의 별을 포함하고 있다. 각 은하의 지름은 수천 광년에서 수천만 광년까지 다양하다. 그러나 현재 알려져 있는 은하는 허블반경(Hubble radius)이라 알려진 범위 내에 존재하는 것들이며, 이 범위 밖에 있는 은하들은 빛의 속도로 멀어지고 있기 때문에 아직까지는 알 수 없다. 허블반경은 약 120억 광년에 해당한다.

참고하기 빅뱅 이론 ▶ 203 올베르스의 역설 ▶ 84

찬드라세카르한계

★ 수브라마니안 찬드라세카르(Subrahmanyan Chandrasekhar, 1910~1995)

백색왜성이 될 수 있는 별의 최대 크기는 태양 질량의 1.4배다

찬드라세카르한계는 물리적 상수다. 이보다 더 큰 별의 경우, 중력으로 인해 중성자별 또는 블랙홀이 될 것이다.

태양은 지난 46억 년 동안 안정된 별로 존재했으며, 앞으로도 수십억 년 동안 계속 존재할 것이다. 언젠가 태양이 내부의 연료를 모두 소모하면, 지구보다 작지만 매우 무거워서 찻숟가락 하나 분량의 물질이 수천 킬로그램이나 나가는 백색왜성으로 줄어들 것이다. 백색왜성은 온도가 매우 높아 백열(white-hot)을 발산한다. 태양 질량의 1.4배가 넘는 질량을 가진 별은 백색왜성이 될 수 없다. 백색왜성이 될 수 있는 별의 한계는 1930년에 파키스탄(당시엔 인도) 출신의 천체물리학자 찬드라세카르가 예측했는데, 그는 1983년에 별의 진화와 구조에 대한 연구로 노벨 물리학상을 수상했다.

거대한 별은 백색왜성으로 진화하는 것이 아니라, 초신성으로 폭발하면서 엄청난 양의 물질을 뿜어내며 며칠 동안 전 은하를 비추게 된다. 발산되고 남은 물질들은 중성자별을 형성하는데, 이 중성자별은 비록 지름이 수 킬로미터밖에 되지 않지만, 중성자들로 빽빽하게 차 있다. 중성자별은 빛을 발산하지 않으며, 밀도가 매우 높아서 아주 소량의 물질이라도 수백만 톤에 해당하는 질량을 갖는다.

어떤 때는 중성자별과 같이 죽어가는 별의 어마어마한 질량이 무한히 작은 하나의 점으로 모여 무한히 큰 밀도를 갖기도 한다. 특이점(singularity)이라 불리는 이 지점에서는 질량은 있지만 부피는 없으며, 공간과 시간이 모두 멈춘다. 특이점은 '사건의 지평(event horizon, 블랙홀의 바깥 경계)'이라 불리는, 구 형태의 경계면에 둘러싸여 있다. 사건의 지평에서는 아무것도, 심지어는 빛조차도 빠져나올 수 없다. 이 지점으로 떨어진 물질은 빨려 들어가서 영원히 사라지게 된다. 이런 이유로 과학자들은 이 지점을 공간과 시간의 블랙홀이라고 부른다. 만일 우주비행사가 블랙홀의 사건의 지평을 통과해 지나간다면, 중력이 비행사의 몸을 매우 긴 스파게티의 면발처럼 잡아 늘이고, 블랙홀 내부의 특이점에 이르러서는 비행사의 남아 있는 몸은 원자 단위로 흩어질 것이다.

블랙홀의 반지름은 이것을 둘러싼 사건의 지평의 반지름과 같다. 이 반지름은 1916년에 블랙홀의 존재를 예측한 독일의 천문학자 카를 슈바르츠실트(Karl Schwarzschild, 1873~1916)의 이름을 따서 슈바르츠실트반경이라고 부른다. 슈바르츠실트반경은 태양계의 질량에 대한 블랙홀의 무게 비율의 세 배쯤이다. 만일 태양과 같은 질량을 가진 블랙홀이 있다면 이 블랙홀의 반지름은 3킬로미터일 것이고, 지구의 질량과 같은 경우에는 단지 4.5밀리미터일 것이다. 또한 작은 소행성의 질량 정도라면 이 블랙홀은 단지 원자핵 정도의 크기를 갖는다. 블랙홀의 기이한 효과는 중심부에서 슈바르츠실트반경의 열 배에 해당하는 거리 내에서만 작용한다. 이 범위를 벗어나게 되면 블랙홀이 미치는 영향은 단지 평범한 중력 작용뿐이다. 따라서 일반적인 믿음과는 달리 블랙홀은 주변의 모든 것을 빨아들이는, 우주에 존재하는 진공청소기는 아닌 것이다.

■참고하기■ 호킹의 블랙홀 이론 ▶ 224

오스트리아

파울리의 중성미자 가설

★ **볼프강 파울리**(Wolfgang Pauli, 1900~1958)

방사선 붕괴 중, 중성자를 양성자로 바꾸며 전자를 방출하는 베타 붕괴는 에너지 보존 법칙을 따르지 않는 것처럼 보인다. 파울리는 이 베타 붕괴에서 실종된 에너지량을 설명하기 위해, 전하가 중성이며 질량이 0인 입자가 발산된다는 가설을 세웠다

몇 해 뒤, 페르미는 이 새로운 입자에 중성미자(neutrino)라는 이름을 붙였다. 이는 이탈리아어로 '작은 중성의 물질'이라는 뜻이다.

원자핵은 알파, 베타, 감마의 세 가지 방법으로 방사선 붕괴를 일으키는데, 중성미자는 이 중 베타 붕괴에서 항상 나타난다. 중성미자는 1956년 그 존재가 실험적으로 입증되어 더 이상 가상의 입자가 아니다. 오늘날에는 이 입자들도 매우 작은 질량을 갖는다고 여겨진다. 중성미자는 우주에서 가장 투과성이 좋은 기본 입자다. 전자 하나가 약 500억 개의 중성미자를 포함하며, 이들은 어디에나 존재한다. 그러나 이들을 볼 수는 없으며 물질과 반응도 거의 하지 않는다. 수만 개의 중성미자가 매초 우리의 몸을 통과한다. 중성미자에는 뮤온(muon)중성미자, 타우(tau)중성미자, 전자중성미자의 세 가지 유형이 있다. 이들은 모두 태양이나 초신성의 내부 혹은 우주선(cosmic ray)이 상층 대기에 부딪힐 때 발생한다.

폴링의 화학 결합 이론

라이너스 폴링(Linus Pauling, 1901~1994) ★

분자 또는 결정의 전자적, 기하학적 구조를 이해하는 데 바탕이 된 연구다
이 연구의 핵심은 변형(hybridization)이라는 개념으로, 강한 화학 결합을 이루기 위해
원자가 전자 궤도(핵 주위에 전자가 위치하는 공간)의 형태를 꽃잎 형태로 바꾸어
좀더 효율적으로 궤도를 공유하게 된다는 것이다

화학 결합은 분자 및 결정 내부에서 원자가 서로 결합하는 강력한 인력이다. 폴링은 처음으로 양자역학을 이용해 화학 결합을 설명했다. 그의 이론은 현대 화학의 이정표가 되었다.

폴링은 화학 결합에 관한 연구로 1954년에 노벨 화학상을 수상했다. 제2차 세계대전 후에는 원자력 시대에 맞는 새로운 사회적 책임을 열정적으로 설파하며 핵실험 금지 운동에 나서기도 했다. 이런 공로로 그는 1962년 노벨 평화상을 수상했다. 그는 노벨상을 두 번 수상한 두 번째 사람(최초는 노벨 물리학상과 화학상을 수상한 마리 퀴리)이며, 역사상 각각 전혀 다른 분야의 노벨상을 수상한 유일한 사람이다. 폴링은 또한 비타민 C를 많이 복용하면 감기를 예방하는 데 효과가 있다는 연구 등 다른 분야에서도 두드러진 업적을 남겼다.

폴링은 "좋은 아이디어를 내기 위한 최선의 방법은 많은 아이디어를 내는 것이다"라고 말하기도 했다. 화학을 공부하는 대부분의 학생들은 폴링의 또 다른 개념인 전기음성도(electronegativity scale)를 알 것이다. 이것은 0.7의 세슘(cesium, 기호는 Cs)과 프랑슘(francium, 기호는 Fr)부터 4.0의 불소(fluorine, 기호는 F)에 이르기까지 원소들을 각각의 전기음성도순으로 나열한 것이다.

디랙의 단극자석 개념

★ 폴 디랙(Paul Dirac, 1902~1984)

단극자석(Magnetic Monopole)은 자기를 전달하는 이론적인 입자로, N극이나 S극 중 하나의 자극만을 지닌 자유로운 입자를 의미한다

단극자석은 전하와 유사한 개념이다.

자석은 두 개로 쪼개질 때, N극 부분과 S극 부분으로 나뉘는 것이 아니라, 각각 양극을 가진 두 개의 자석이 된다. 가장 작은 입자에 이를 때까지 계속해서 쪼개 나간다 해도, 자석은 N극과 S극의 양극을 지닌 채로 남게 된다.

디랙은 반물질 이론을 제창한 이후 단극자석의 존재를 예측함으로써 전기 현상과 자기 현상을 연결하고자 했다. 그는 우주에 단 하나의 단극자석만 있어도 왜 전자 내의 전하가 복합적인 형태로만 나타나는지를 설명할 수 있을 것이라고 했다.

디랙의 예측 이래, 단극자석은 물리학자들의 호기심을 자극해왔지만, 지금까지는 아무도 단극자석을 발견하지 못했다. 노년의 물리화학자 브라이언 실버 (Brian Silver)가 자신의 저서 『과학의 향상 The Ascent of Science』(1998)에서 젊은 과학자들에게 준 충고는 이랬다. "노벨상이라는 힘든 업적에 도전하려는 사람이 라면, 무엇을 찾아내야 하는지 알 것이다."

괴델의 불완전성 정리

쿠르트 괴델(Kurt Gödel, 1906~1978) ★

> 모든 논리적인 이론은 반드시 자체의 규칙 체계에 의해
> 증명되거나 반증되지 않는 조건을 포함하고 있다

이 정리는 수학의 불완전성을 증명했다. 이 정리는 아무리 엄밀한 논리 체계라도 완전하지는 않다는 것을 의미한다.

괴델은 빈대학교에서 박사학위를 받은 지 1년 만인 1931년, 불과 25세의 나이로 20세기 수학계의 가장 특별한 업적의 하나인 불완전성 정리를 내놓았다. 괴델의 정리는 "산술을 형식화한 논리 체계에서 그 체계가 모순이 없는 한, 참이지만 증명이 불가능한 식이 적어도 하나 이상 존재한다"라는 제1정리(불완전성 정리)와 "제1정리의 조건을 만족하는 어떤 체계도 그것이 모순이 없는 한, 그 체계 내의 공리와 규칙들만으로는 일관성을 증명할 수 없다"라는 제2정리(무모순성 정리)로 구성된다.

당시까지만 해도 버트런드 러셀(Bertrand Russell, 1872~1970) 등을 위시한 논리학자들은 참인 모든 명제가 증명이 가능하다고 생각했다. 그런데 괴델은 참이지만 증명이 불가능한 식을 제시해 러셀 등이 시도한 연역적 논리 체계가 실은 불완전한 것임을 입증한 것이다.

괴델은 "수학이 인간이 이해하기에 너무 크거나 인간의 마음이 기계 이상으로 복잡한 것"이라고 말한 바 있다. 어떤 사람들은 괴델의 정리를 이용해 인간만큼의 지능을 지닌 기계를 만드는 것은 불가능할 것이라고 주장하기도 한다.

올리펀트의 수소 동위원소 개념

★ 마크 올리펀트(Mark Oliphant, 1901~2000)

수소는 세 가지 동위원소(원자 번호는 같으나 질량수가 다른 원소)를 갖는다
수소-1 _ 일반적인 수소로 경수소(protium)라 부르며, 한 개의 양성자를 갖고 있다
수소-2 _ 중수소(deuterium)라 부르며, 한 개의 양성자와 한 개의 중성자를 갖고 있다
수소-3 _ 삼중수소(tritium)라 부르며, 한 개의 양성자와 두 개의 중성자를 갖고 있다

올리펀트는 처음으로 삼중수소를 만들어낸 과학자다. 이 발견은 원자폭탄 개발의 기본이 되었다.

오스트레일리아 출신의 핵물리학자 올리펀트는 1930년대 케임브리지대학교의 캐번디시연구소에서 러더퍼드와 함께 원자를 쪼개는 연구를 했다. 당시 중수소라 불리는 수소의 동위원소는 이미 발견된 상태였다. 올리펀트는 중수소의 원자핵을 다른 중수소의 원자핵에 충돌시켜 삼중수소라 불리는 새로운 동위원소를 만들어냈다. 1943년, 미국으로 간 그는 첫 번째 원자폭탄의 재료가 된 우라늄 235(^{235}U)를 정제하는 데 성공했다.

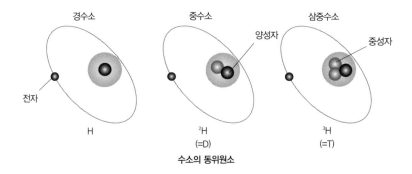

수소의 동위원소

리히터지진계

찰스 리히터(Charles Richter, 1900~1985) ★

지진의 규모를 0에서 9로 나누어 측정하는 체계

리히터규모 3.5 이하의 지진은 일반인이 느낄 수 없다. 5.5에서 6.0 사이의 지진은 건물에 경미한 피해를 끼친다. 거대한 지진은 7.0 이상의 규모를 보인다.

일반적으로 사람들은 리히터지진계가 체중계처럼 실제 기계의 일종이라는 잘못된 생각을 갖고 있다. 취재를 하러 가는 신문기자들도 리히터지진계의 사진을 보여달라고 요구해 지진학자들의 불평을 산다. 이는 마치 '킬로미터'의 그림을 보여달라고 하는 것과 같다. 미국의 지진학자 리히터가 리히터지진계를 고안한 이유가 신문기자들이 남부 캘리포니아에서 발생한 지진의 상대적 크기를 자꾸 물어보는 것에 지쳐서였다니 참으로 아이러니한 일이 아닐 수 없다.

지진은 지진파라고 불리는 충격파를 만들어낸다. 리히터지진계는 기준 거리만큼 떨어진 지점에서 받는 충격파의 에너지를 계산해 지진의 크기를 측정하는 '산술 체계'다(기계가 아니다). 이 체계는 로그 단위로 되어 있기 때문에 1이 증가할 때, 그 규모는 열 배가 커진다. 즉 규모 7.0의 지진은 6.0인 지진에 비해 열 배 더 강력한 것이며, 5.0인 지진에 비해서는 백 배 더 강력한 것이다. 에너지의 측면에서 보면 규모의 증가는 더욱 크게 나타나는데, 1이 증가할 때 에너지는 대략 서른세 배가 증가한다. 즉, 7.0 규모의 지진은 5.0 규모의 지진에 비해 천 배나 큰 에너지를 발산한다.

오파린의 생명의 기원에 대한 가설

★ 알렉산드르 오파린(Aleksandr Oparin, 1894~1980)

지구의 원시 대기에서 단순한 무기화합물이 결합해 복잡한 유기화합물을 만들었으며
이로부터 최초의 살아 있는 세포가 만들어졌다

분자생물학 분야의 발전으로 이 가설이 옳은지에 대한 검증이
이루어지고 있다.

오파린은 지구의 원시 대기에 수소가 풍부했다는 가설을 제안했다. 물이나 메
탄, 암모니아와 같은 단순한 수소 무기화합물은 유기화합물을 구성할 수 있었다.
지구의 냉각과 수증기의 응결 때문에 내리기 시작한 비를 따라 이 유기화합물은
점차 대기에서 지표로, 더 나아가 결국 바다로 흘러가게 되었다. 수백만 년 동안,
원시 수프(primeval soup)에 존재하던 이들 유기화합물은 서로 결합해 단백질과
DNA 분자를 이루는 기다란 사슬 형태를 만들어갔으며, 결국 생물체에 적합한 화
학 반응과 유기화합물의 형태를 가진 세포가 출현했다. 이 첫 번째 세포는 자체
복사를 할 수 있었고, 따라서 최초의 생물체가 될 조건을 충족했다.

오파린의 가설에 대해 처음으로 실험적인 증거를 내놓은 이는 스탠리 밀러
(Stanley Miller, 1930~)다. 1953년, 시카고대학교의 학생이던 그는 메탄과 암모니
아, 수증기 그리고 수소로 이루어진 혼합물에 전기적 충력을 계속해서 가했다. 그
는 이 상황이 원시 수프에 계속해서 번개 충격이 가해지던 원시 지구의 조건과 비
슷할 것이라고 추측했다. 몇 주 후, 무기화합물은 서로 결합해 생명체의 기본적인
구성 요소인 아미노산을 생성했다.

튜링기계

앨런 튜링(Alan Turing, 1912~1954) ★

입력한 내용을 처리하고 그 결과를 출력할 수 있는
둘 혹은 그 이상의 상태를 지닌 가상의 컴퓨터

튜링기계는 디지털 컴퓨터 발전의 주요 이정표다.

튜링기계는 각각 0과 1이 새겨진 셀 단위로 나뉘어 있는 무한한 길이의 테이프를 내장하고 있다. 헤드(디스크의 자료를 읽거나 쓰거나 지우는 장치) 부분에서 각 셀에 담긴 내용을 읽거나 쓰고, 셀이 이동함에 따라 다음 단계로 넘어간다. 튜링은 알고리듬(algorithm, 어떤 문제를 해결하기 위해 입력한 자료에서 원하는 결과를 출력하도록 하는 절차나 방법)에 대한 수학적으로 정확한 정의를 제공하기 위해 이 가상의 기계를 고안했다. 이 기계는 알고리듬으로 설정된 지시대로 작동한다. 튜링기계는 가상으로 설정된 것이지만, 오늘날 컴퓨터의 이론적인 기초를 구상한 것으로 평가할 수 있다.

1950년 튜링은 인간의 지능을 가진 컴퓨터를 만드는 것이 가능하다고 선언하고는 그것을 입증할 수 있는 시험을 고안했다. 그러면서 컴퓨터의 반응이 인간의 반응과 동일하다면 그 컴퓨터는 인간의 지능을 지닌 것이라고 발표했다.

튜링테스트는 오늘날 컴퓨터가 진정으로 인간의 지능을 모방할 수 있는지를 결정하는 데 사용된다. 인간과 컴퓨터는 텍스트로 된 메시지를 주고받는다. 인간과 컴퓨터가 이렇게 주고받는 과정이 서로 구별할 수 없어질 때, 그 컴퓨터는 인간의 지능을 지녔다고 말할 수 있다. 튜링의 연구는 인공지능 연구의 기초로 인정받고 있다.

핵분열

★ **오토 한**(Otto Hahn, 1879~1968)
리제 마이트너(Lise Meitner, 1878~1968)
프리츠 슈트라스만(Fritz Strassmann, 1902~1980)

한 원자핵이 둘 혹은 그 이상의 더 가벼운 원자로 깨어지는 과정
핵분열 시 에너지가 방출된다

핵분열은 원자폭탄과 같은 원자력 반응 시 발생한다.

1938년, 슈트라스만과 일하던 한은 놀라운 발견을 했다. 우라늄의 핵이 천천히 움직이는 중성자와 충돌해 바륨을 생성한 것이었다. 그러나 그는 이를 설명할 수 없었다. 한은 오랜 동료였던 오스트리아 출신의 마이트너에게 "당신이라면 몇 가지 생각나는 게 있겠지"라고 편지를 썼다〔이들은 1917년 무렵에 프로트악티늄(protactinium)이라는 새로운 원소를 함께 발견했으나, 당시에는 마이트너가 나치를 피해 스웨덴으로 망명한 상태였다〕. 며칠 뒤, 마이트너는 우라늄의 핵이 중성자를 흡수한 후에 두 개의 비슷한 조각, 즉 바륨과 크립톤(krypton)으로 분열한다는 것을 증명했다. 또한 이 과정에서 엄청난 양의 에너지가 방출된다는 것을 보았다. 마이트너의 조카이자 주목받는 물리학자였던 오토 프리슈(Otto Frisch, 1904~1979)는 이 현상이 생물학의 세포 분열 과정과 유사하다고 생각해 이 과정에 핵분열이라는 이름을 붙였다.

한은 핵분열에 대한 화학적 증거를 기술한 논문을 발표했다. 그러나 마이트너의 이름은 뺀 채였다. 한은 핵분열 발견의 공로로 1944년 노벨 화학상을 수상했지만, 마이트너는 공동수상하지 못했다. 대신 1966년에 핵분열에 대한 업적으로 마이트너는 페르미상을 수상했다. 1994년에 마이트너륨(meitnerium, 기호는 Mt)이라는 이름이 붙은 109번 원소는 그를 기린 것이다.

베테의 별의 에너지 생성 이론

한스 베테(Hans Bethe, 1906~2005) ★

별 내부의 에너지는 수소 원자의 핵융합 반응에 의해 생성된다

핵융합 반응은 가벼운 원자핵이 매우 높은 온도에서 결합하면서 엄청난 양의 에너지를 발산하는 것으로, 별 표면에서 열과 빛의 형태로 방출된다.

"반짝반짝 작은 별 아름답게 빛나네." 별의 실체에 대해 하나씩 하나씩 밝혀지면서 사람들은 더 이상 별에 대한 환상을 지니고 있지 않을 것이다. 그러나 천체물리학자의 눈에는 여전히 별이 반짝인다. 그들 중 한 명이 1938년 별 내부에서 에너지가 생성되는 과정에 대한 이론을 자세하게 발표했다.

일반적으로 별은 자연계 내에 존재하는 가장 단순한 형태의 실체에 속한다. 수소 73퍼센트, 헬륨 25퍼센트, 기타 원소 2퍼센트가 혼합되어 있는 구 형태의 가스 덩어리이기 때문이다. 별의 내부 온도는 매우 높아서 네 개의 수소 원자핵을 결합해 한 개의 헬륨 원자핵을 만들어내는 핵융합이 이루어진다. 엄청난 양의 에너지를 생성하는 이 반응은 종종 탄소-질소-산소(CNO) 순환으로 알려져 있기도 하다. 그러나 여기서 탄소, 질소, 산소는 단지 촉매로만 작용할 뿐, 반응을 통해 소모되지는 않는다.

베테의 이론을 바탕으로 과학자들은 원자폭탄보다 더 파괴적인 수소폭탄을 발명했다. 독일에서 태어나 1937년에 미국으로 간 베테는, 1967년에 이 이론으로 노벨 물리학상을 수상했다.

참고하기 찬드라세카르한계 ▶ 186

초우라늄 원소

★ 에드윈 맥밀런(Edwin McMillan, 1907~1991)
글렌 시보그(Glenn Seaborg, 1912~1999)

주기율표상에서 우라늄보다 무거운 원소들은 인공적으로 만들어진다. 우라늄(U, 원자 번호 92)은 자연계 내에 확인할 수 있을 정도의 양으로 존재하는 원소 중 가장 무거운 원소다

1940년 이후, 스무 개 이상의 초우라늄 원소가 만들어졌다.

1933년, 페르미는 대부분 원소의 핵이 중성자를 흡수해 새로운 원자로 바뀐다는 사실을 증명해 새로운 원소를 만들어내는 단계를 열었다. 그는 우라늄의 핵을 자유 중성자와 충돌시키면 당연히 새로운 원자가 태어날 것이라 생각했다. 그러나 페르미는 이를 실험으로 성공시키지 못했다. 그러던 차에 1940년 핵물리학자 맥밀런에 의해 넵투늄(neptunium, 93번으로 기호는 Np)이라는 인공 원소가 최초로 만들어졌다. 1941년에는 화학자 시보그가 94번 원소인 플루토늄(plutonium, 기호는 Pu)을 만들어내는 데 성공했다. 이 연구들로 페르미는 1938년 노벨 물리학상을, 맥밀런과 시보그는 1951년 노벨 화학상을 수상했다.

아홉 개의 초우라늄 원소는 과학자들의 이름을 따서 명명되었다. 이런 원소로는 퀴륨(curium, 96번으로 기호는 Cm, 퀴리 부부), 아인시타이늄(einsteinium, 99번으로 기호는 Es, 아인슈타인), 페르뮴(fermium, 100번으로 기호는 Fm, 페르미), 멘델레븀(mendelevium, 101번으로 기호는 Md, 멘델레예프), 노벨륨(nobelium, 102번으로 기호는 No, 노벨), 러더퍼듐(rutherfordium, 104번으로 기호는 Rf, 러더퍼드), 보륨(bohrium, 107번으로 기호는 Bh, 보어) 그리고 마이트너륨(meitnerium, 109번으로 기호는 Mt, 마이트너) 등이 있다.

아시모프의 로봇 3원칙

아이작 아시모프(Isaac Asimov, 1920~1992) ★

> 제1원칙 _ 로봇은 인간을 해쳐서는 안 되며, 아무것도 하지 않음으로써
> 인간이 해를 입게 해서도 안 된다
> 제2원칙 _ 로봇은 제1원칙에 위배되지 않는 한 인간의 명령에 복종해야 한다
> 제3원칙 _ 로봇은 제1원칙과 제2원칙에 위배되지 않는 한 자신을 스스로 지켜야 한다

위의 원칙은 아시모프의 SF 단편 소설인 「런 어라운드 Runaround」에서 인용한 것으로, 그 책에서는 "서기 2058년에 출간된 『로봇공학 안내서 Handbook of Robotics』라는 책의 56판에 실린 것"으로 나온다. 아시모프의 원칙은 과학적인 원칙이 아니다. 위의 원칙들은 단지 소설에 나오는 이야기일 뿐이지만, 오늘날에도 인공지능을 개발하는 과학자들은 그들의 인공지능 기계가 이 원칙을 따르게 하려고 한다.

로봇(Robot)이라는 단어는 1921년, 체코의 극작가 카렐 차페크(Karel Čapek, 1890~1938)의 연극 〈로숨의 만국 로봇 Rossum's Universal Robot〉(보통 줄여서 〈R.U.R〉이라고 한다)을 통해 처음으로 영어권에 알려졌다. 이 연극은 로숨이라는 가상의 영국인이 사람의 일을 돕는 로봇을 대량으로 만들기 위해 생물학적인 방법을 동원한다는 내용이었다.

아시모프의 소설에 나오는 로봇은 기술자가 만든 기계로, 그들의 '양전자 두뇌(positronic brains)'에는 위의 3원칙이 깔려 있다. 러시아에서 태어나, 세 살 때 미국으로 온 아시모프는 과학 소설 및 공상 과학 소설의 천재적인 작가였다. 그는 52년간 500권에 가까운 책을 출간했다. 그의 가장 유명한 소설은 은하 제국의 연대기를 다룬 『파운데이션 Foundation』시리즈다.

게임 이론

★ 요한 폰 노이만(Johann von Neumann, 1903~1957)
오스카어 모르겐슈테른(Oskar Morgenstern, 1902~1977)
존 내시(John Nash, 1928~)

경쟁 상황에서 사람들은 어떻게 행동하는가, 즉 전략적 행동을 분석하는 수학적 방법

이 이론은 경제학, 컴퓨터공학, 심리학, 사회학, 정치학, 전쟁, 진화, 주식 시장 및 여러 분야에 응용된다.

게임 이론에 따르면, 모든 게임은 일반적으로 세 가지 구성 요소를 갖는다. 바로 규칙과 전략, 보상이다. 게임은 제로섬 게임(한 참여자가 이익을 얻기 위해서는 다른 참여자가 손해를 보아야 하는 게임으로 득실의 합이 0이 된다), 비(非)제로섬 게임, 협력 게임(참여자 간에 협상이 가능한 게임) 그리고 완전한 정보의 게임이 있다. 게임이 균형을 이룬 상태를 내시균형(Nash equilibrium)이라고 하며, 이를 각 참여자의 이익을 최대로 할 수 있는 해결책으로 본다.

게임 이론은, 포커 게임을 자주 하던 폰 노이만이 포커 게임은 확률 이론 하나만으로는 설명이 안 되고, 다른 참여자에게 자신의 정보를 숨기는 기술 역시 반드시 필요하다는 사실을 알아차리면서 시작되었다. 이 이론은 1944년 폰 노이만과 모르겐슈테른에 의해, 1949년 내시에 의해 발전되었다. 내시는 프린스턴대학교에서 박사 과정을 할 때 「비협력 게임 Non-cooperative Games」이라는 독창적인 논문을 썼다. 후에 정신분열증 진단을 받게 된 내시는 1990년대 초, 질병을 이겨내고 다시 연구로 복귀했고, 1994년에 노벨 경제학상을 수상했다. 1998년에 출판된 실비아 네이서(Sylvia Nasar)의 책 『뷰티풀 마인드 A Beautiful Mind』와 2001년에 개봉된 동명의 영화는 내시의 극적인 삶을 잘 보여준다.

탄소 연대 측정

윌러드 리비(Willard Libby, 1908~1980) ★

> 탄소의 방사성 동위원소인 탄소 14는 모든 생물체 내에 존재한다. 생물체가 죽으면 탄소 14는 붕괴하기 시작한다. 이 붕괴 속도로 생물체의 연대를 측정할 수 있다

탄소 연대 측정은 유기물의 연대를 측정하는 데 사용된다.

각각의 방사성 동위원소는 반감기(half-life, 방사성 원소 등이 다른 원소로 변할 경우에 그 원자 수가 원래의 반으로 주는 데 걸리는 시간)라 불리는 일정한 속도로 붕괴된다. 예를 들어 탄소 14의 반감기는 5,730년이다. 이는 초기에 1,000개의 탄소 14를 갖고 있었다면, 5,730년 후에는 500개의 탄소 14만을 가지게 된다는 것을 의미한다(나머지 500개의 탄소 14는 안정된 질소로 변환된다). 또다시 5,730년이 흐르면 250개의 탄소가 질소로 붕괴되고, 이러한 과정이 반복된다. 생물체는 살아 있는 동안 탄소 12와 탄소 14를 계속해서 흡수한다. 일단 생물체가 사망하면, 탄소 14가 붕괴되기 시작한다. 결과적으로, 탄소 12와 탄소 14의 비는 시간에 따라 변화하게 되는 것이다. 이 비율을 측정하면 생물체의 사망 연대를 추정할 수 있다.

오늘날 지질학자와 인류학자는 탄소 연대 측정을 이용해 매우 오래된 나무나 뼈, 화석, 건축물 등의 연대를 측정한다. 즉 이 기술로 지구의 역사와 생명의 발전 과정을 이해할 수 있게 된 것이다.

리비는 이 연구로 1960년에 노벨 화학상을 수상했다. 방사화학자로서 최초의 원자폭탄 프로젝트에 참여하기도 했던 그는 원자력 기술의 평화적 사용을 주장했다.

위너의 사이버네틱스

★ **노버트 위너**(Norbert Wiener, 1894~1964)

사이버네틱스는 기계와 동물 모두의 의사소통과 조절에 관한 학문이다

　　　　인공두뇌학이라고도 불리는 사이버네틱스(Cybernetics)라는 단어는 '키잡이'를 뜻하는 그리스어 kybernetes에서 나왔다. 오늘날, 이 단어는 자동화와 관련된 컴퓨터 조작 시스템을 인간의 신경 조직에 비교해 강조할 때 사용된다.

　뛰어난 수학자였던 위너는 『사이버네틱스 : 동물과 기계의 의사소통과 조절 Cybernetics: Control and Communication in the Animal and the Machine』이라는 책을 통해 자신의 아이디어를 소개했다. 이 책에서 그는 "사이버네틱스란 자동화된 기계와 인간의 신경계에서 작용하는 요소 중 공통적인 요소를 찾으려는 시도"라고 설명했다. 그는 이 지식이 기계의 효율을 향상시킬 것으로 믿었다. 이 책은 또한 입력(input), 출력(output), 피드백(feedback)과 같은 단어를 소개했다. 인간의 조작 없이, 출력된 결과를 이용해 입력 값을 변형시킴으로써 기계의 작동을 조절하는 것을 의미하는 피드백은 사이버네틱스의 중요한 개념이다. 예를 들어, 가스 히터의 자동 온도 조절 장치는 주변 공기의 온도를 감지(출력 값을 측정)해 이 결과를 바탕으로 가스 공급량(입력 값)을 조절한다.

　위너는 매사추세츠 공과대학교(MIT)에서 평생을 일하면서 뛰어난 연구 성과보다도 기묘하고 세상을 초월한 듯한 행동으로 더 유명했다. 한 번은 그가 길거리에서 어느 작은 소녀에게 길을 물었다. 그 소녀는 웃으면서 말했다. "예, 아빠. 제가 집에 모셔다 드릴게요."

빅뱅 이론

조지 가모프(George Gamow, 1904~1968) ★

> 우주는 무한히 밀도가 높고 무한히 뜨거운 물질로 이루어진 하나의 작은 점이 자연히 폭발해 시작되었다. 이 폭발의 파편은 폭발 순간부터 날아가기 시작해서 지금도 날아가고 있고 앞으로도 무한히 날아갈 것이다. 모든 은하와 별, 행성들은 이 파편들로부터 만들어졌다

시간도 약 120억 년 전에 일어난 빅뱅(Big Bang) 때부터 존재하기 시작했다.

빅뱅 이론은 대폭발 이론이라고도 한다. 1927년 벨기에의 천문학자 조르주 르메트르(Georges Lemaître, 1894~1966)는 우주의 모든 물질은 아주 오래전 어느 시점에 한 점에 모여 있었다는 이론을 제안했다. 우주는 이 원시 원자(primeval atom)가 폭발해서 시작되었다는 것이었다. 이 이론은 우주가 불덩어리(fireball)에서 시작되었고 이 원시 불덩어리의 남은 온기가 아직도 우주를 채우고 있음을 증명한 가모프에 의해 더욱 발전하게 되었다. 가모프는 이 잔류 복사에너지가 현재 3K, 즉 -270도라고 예측했다. 1965년에 측정한 복사에너지의 값은 그의 예상대로 약 -270도였다.

우주는 영원히 팽창할 것인가? 여기에는 두 가지 상반된 견해가 있다. 우주의 팽창이 무한히 계속될 것이라는 것과 언젠가는 다시 원시 원자 상태로 돌아온다는 견해가 그것이다. 이 중에서 후자의 견해를 대붕괴(Big Crunch)라고 하며, 이는 빅뱅의 반대되는 개념이다.

빅뱅이라는 이름은, 빅뱅 이론에 반대되는 정상우주론을 믿은 호일이 붙였다. 그가 1950년에 라디오 토크쇼에서 이 단어를 처음 사용했을 때는 이 이론을 깎아내리려는 의도에서였다.

정상우주론

★ 프레드 호일(Fred Hoyle, 1915~2001)
허먼 본디(Herman Bondi, 1919~2005)
토머스 골드(Thomas Gold, 1920~2004)

우주는 시작도 끝도 없다. 우주는 계속해서 물질을 생성해내고 팽창해간다

이 이론은 오늘날 오류로 여겨지며, 빅뱅 이론이 널리 받아들여진다.

정상우주론(Steady-State Theory)은 물질이 자연적으로 생성된다는 개념을 포함하고 있다. 이와는 반대로 빅뱅 이론은 현재 존재하는 모든 물질은 과거부터 존재해왔다고 가정한다. 새로 생성되는 물질은 없다는 것이다. 정상우주론은 우주가 팽창하고 있다는 점에서만 빅뱅 이론에 동의한다. 정상우주론은 우주는 항상 팽창하지만 지속적으로 물질이 생성되기 때문에 우주의 평균 밀도는 일정하다고 말한다.

빅뱅 이론은 우주가 존재하기 시작한 시점이 있었으며, 언젠가는 끝이 날 것이라고 주장한다. 반면 호일은 "우주의 창조와 종말은 존재하지 않았기 때문에 정상우주론에서 이 문제는 제기할 필요가 없다"고 주장했다. 모든 은하와 별, 모든 원자들은 창조되지만 우주 자체는 그렇지 않다는 것이다.

관측 및 실험 결과는 모두 빅뱅 이론이 옳음을 나타내고 있다. 오늘날 사람들 역시 빅뱅 이론을 좀더 논리적인 이론으로 받아들인다. 그러나 호일은 정상우주론의 열성적인 신봉자로 자신의 믿음을 포기하지 않았다.

머피의 법칙

에드워드 머피(Edward Murphy, 1918~1990) ★

어떤 일이 잘못될 수 있는 가능성이 있으면, 실제 그렇게 된다

머피의 법칙은 어떤 일이 잘못될 가능성이 있을 경우, 실제 그렇게 된다는 것을 서술하는 다양하고 재미있는 격언들로 표현된다. 수학적으로는 1＋1☞2로 표현되며, 여기서 ☞ 기호는 '좀처럼 □□하지 않다' 라는 의미다.

1949년 미국 캘리포니아 에드워드 공군기지, 존 스탭(John Stapp)과 조지 니컬스(George Nichols)는 인간이 견딜 수 있는 급감속의 한계는 어디까지인가를 실험하는 우주항공기 프로젝트에 참가하고 있었다. 다른 실험실에서 일하고 있던 머피는 감속 정도를 더욱 정밀하게 측정할 수 있는 계량기를 가져왔다. 그러나 실수로 선을 잘못 연결해 계량기가 전혀 작동하지 않았다. 화가 난 머피는 기술자들을 욕하며 모든 일은 항상 잘못된 쪽으로 일어난다고 투덜거렸다. 바로 그 유명한 머피의 법칙이 탄생한 것이다. 50년이 지난 1999년에 스탭과 니컬스, 머피는 과학 유머 잡지인《기발한 연구 기록 Annals of Improbable Research》에서 '할 수도 없고 다시 재현되어서도 안 되는 연구' 에 대해 수여하는 이그 노벨상(Ig Nobel Prize, 노벨상의 패러디 상)을 수상했다. 머피의 법칙이나 로렌스 피터(Laurence Peter, 1919~1990)가 제안한 피터의 원리(계층 조직의 구성원은 각자 자기 능력 이상까지 출세한다는 법칙)는 과학적인 법칙이 아니다.

■참고하기■ 굴러 떨어지는 토스트 이론 ▶232

우주는 어떻게 변화해왔는가?

천문 관측 기술이 고도로 발달하지 못한 옛날에는 우주의 과거와 현재, 미래에 대한 설득력 있는 분석을 내놓기 어려웠다. 보통, 현대적인 우주론을 제시한 최초의 학자는 아인슈타인으로 보고 있다. 그는 우주를 거시적·평균적으로 보면 언제나 모든 곳에서 동일하다고 가정하고, 전반적으로 변화가 없어 정적인 상태라고 주장했다.

그러나 일부 과학자들은 우주가 변하지 않는다는 아인슈타인의 생각을 받아들이지 않았고, 오히려 우주는 팽창한다는 이론을 세웠다. 특히 1927년 르메트르는 우주가 팽창한다는 주장에서 한 걸음 더 나아가, 만약 현재 우주가 계속 팽창하고 있다면 시간을 거슬러 계속 올라가볼 경우 우주가 아주 작은 한 점에서 시작됐을 수도 있다고 생각했다. 르메트르의 이런 생각에 확실한 힘을 실어주는 중요한 성과가 있었으니, 바로 1929년 발표된 허블의 법칙이다. 1920년대부터 천문대에서 대형 망원경으로 은하를 관측해왔던 허블이 발견한 여러 사실들은 아인슈타인의 가정을 뒤엎는 중요한 계기가 됐다. 외부은하를 관찰하는 과정에서 은하들이 지구로부터 멀어지고 있음이 확인됐기 때문이다. 이는 파원과 관측자 사이의 거리가 변화할 경우 발생하는 효과인 도플러효과에 따른 것으로, 외부은하의 별들이 방출하는 빛의 스펙트럼이 적색 영역으로 이동하는 것이 관찰돼, 별들이 지구로부터 멀어지고 있는 것이 증명된 것이다.

허블의 연구 성과에 힘입어 1948년엔 가모프가 빅뱅 이론을 발표한다. 즉 우주는 초고밀도, 초고온의 한 점('특이점')이 폭발함으로써 탄생했고, 오늘날의 우주는 그 폭발의 파편들이 계속 퍼져 나가고 있는 단계라는 주장이었다. 또한 가모프는 대폭발의 순간 뿜어져 나온 강한 복사가 지금도 우주의 어딘가에 식어버린 상태로 발견될 것이라 예상했다. 그러나 빅뱅 이론의 결정적인 증거가 없었기에, 1948년에 또 다른 우주 이론인 '정상우주론'이 등장했다. 본디와 골드, 호일 등의 과학자들은 이 이론에서, 우주는 계속 팽창하고 있지만 팽창하는 만큼 지속적으로 새로운 물질들이 생겨나 우주의 평균 밀도가 유지된다고 주장했다. 그런데 1964년 아노 펜지어스(Arno Penzias, 1933~)와 로버트 윌슨(Robert Wilson, 1936~)에 의해 빅뱅 이론의 결정적인 증거가 발견된다. 바로 가모프가 예상했던 '우주배경복사'가 발견된 것이다. 일정한 세기를 가지고 우주 공간을 통과하고 있는 이 초단파 복사의 온도는 가모프가 추정한 대로 $-270°C$에 가까웠다. 또 1970년엔 호킹이 동료 펜로즈(Roger Penrose, 1936~)와 함께 우주가 특이점에서 시작될 수 있음을 수학적으로 증명하기도 했다.

과학자들은 빅뱅 이론의 또 다른 증거로 우주에 존재하는 헬륨 원소의 양을 든다. 1938년 베테가 밝혀낸 수소 원자의 핵융합 반응에 의하면 우주에 존재해야 할 헬륨의 양은 3%여야 한다. 그러나 실제 헬륨의 비율은 24%나 된다. 이는 빅뱅 초기에 고온, 고압의 상황하에서 수소 원자가 핵융합 반응을 무수히 일으켰음을 암시하는 것이다.

현재로서는 빅뱅 이론이 우주의 기원을 설명하는 가장 설득력 있는 이론임에 틀림없다. 그러나 아직 설명해내지 못하고 있는 부분도 있기 때문에 완벽한 이론이라 할 수는 없을 것이다. 예를 들어, 대폭발 이론은 대폭발을 전제하고 설명하기 때문에 대폭발이 일어난 이유 자체는 말해주지 못한다. 또 지구에서 어느 방향으로 우주를 관찰하든 우주의 모습이 동일하게 보이고 온도도 같은데, 대폭발 이론으로는 이런 현상이 설명되지 않는 것이다. 후자에 대해선 여러 과학자들이 설명하고자 시도했는데, 1981년 앨런 구스(Alan Guth, 1947~)가 내놓은 팽창 이론(inflation theory)이 대표적이다. 이 이론은 우주가 대폭발 직후 10^{-23}초라는 극도의 짧은 순간에 팽창한 것이라 제안한다. 그래서 원래는 가까이 인접해 있던 부분들이 그때 순식간에 먼 우주 곳곳으로 날아갔다는 설명이다. 팽창 이론은 현재로서는 학자들 사이에 의견이 분분한 상황이다. 그리고 이 이론을 지지하는 학자들은 '암흑에너지(dark energy)'를 비롯한 여러 증거들을 찾아내려 노력하고 있다.

혜성의 오르트구름

★ **얀 오르트**(Jan Oort, 1900~1992)

태양계는 수십억 개의 혜성이 존재하는 구름으로 둘러싸여 있다

오르트의 가설은 오늘날 널리 인정받는다. 오르트구름이란 소행성 134340(과거의 명왕성) 궤도 너머에 존재하는 후광 모양의 구름을 의미한다.

태양에서 2만 천문단위부터 10만 천문단위까지 떨어져 있는 오르트구름 내에는, 태양계를 순환하는 2조~5조 개의 혜성이 존재한다. 오르트구름 내에 존재하는 혜성들은 서로 가까이 있는 두 혜성 사이의 거리가 보통 1,000만 킬로미터일 정도로 듬성하게 존재한다. 오르트구름은 -270도씨의 낮은 온도에서 얼기 때문에 종종 시베리아 혜성이라고 불린다. 혜성은 때때로 주위의 별의 중력에 영향을 받아서 행성의 궤도 쪽으로 방향을 바꾸기도 한다.

뛰어난 천문학자였던 오르트는 또한 은하수의 구조와 크기, 질량과 움직임을 밝혔다.

1951년 네덜란드 출신 미국의 천문학자인 제라드 카이퍼(Gerard Kuiper, 1905~1973, 네덜란드 이름은 '헤릿 카위퍼르')는 오늘날 카이퍼띠(Kuiper belt)로 불리는 또 다른 혜성의 저장소를 제안했다. 카이퍼띠는 태양에서 35천문단위부터 수백 천문단위까지 떨어져 있으며, 해왕성의 궤도 너머에 위치한다. 이것은 해왕성의 궤도 안쪽에 위치한 행성들을 CD 모양으로 둘러싸고 있다.

참고하기 휘플의 혜성 이론 ▶ 209

휘플의 혜성 이론

프레드 휘플(Fred Whipple, 1906~2004) ★

> 일반적으로 혜성은, 중심의 얼어 있는 부분인 핵과 그 핵을 둘러싼 잔털 모양의 구름(코마, coma) 그리고 가스와 먼지로 이루어진 꼬리의 세 부분으로 구성되어 있다 약 수 킬로미터 정도의 크기를 가진 핵은 물, 메탄, 에탄, 이산화탄소, 암모니아 그리고 기타 가스가 뭉쳐서 언 더러운 눈 덩어리다

휘플의 이론이 발표되기 전까지, 천문학자들은 혜성이 몇 개의 커다란 바위 혹은 더 작은 알갱이의 모래 뭉치로 이루어져 있다고 믿었다. 또한 핵이 수백 킬로미터를 넘는 크기일 거라고 생각했다.

휘플은 핵에 대해 '더러운 눈 덩어리(dirty snowball)'라는 용어를 처음으로 썼을 뿐 아니라 혜성이 제트 엔진과 유사하게 작용한다는 주장도 했다. 제트 엔진에서 가열된 가스가 분출되듯이 핵에서 기화된 가스가 나와서 핵에 추진력을 부여한다는 것이다. 이 추진력으로 혜성은 독립적으로 움직이는 것이다. 휘플은 그가 79세 때인 1985년, 시사 잡지 《타임 Time》에 다음과 같이 말했다. "처음 혜성의 제트 엔진 같은 추진력을 봤을 때 정말 감격스러웠다!"

1986년 유럽우주국(European Space Agency)의 지오토(Giotto) 우주선이 핼리 혜성의 핵에 480킬로미터 떨어진 지점까지 접근해 사진을 찍었는데, 이 사진에는 솜털이 나 있고 표면이 검은 물질로 덮인 눈 덩어리 모양의 핵과 기화된 얼음이 제트 엔진처럼 분사되는 모습이 나와 있었다. 이를 통해 휘플의 이론이 매우 정확하다는 사실이 증명되었다.

DNA의 이중나선 구조

★ 프랜시스 크릭(Francis Crick, 1916~2004)
  제임스 왓슨(James Watson, 1928~)

자가 복제를 하는 유전자, DNA는 이중나선 형태를 하고 있다

이 구조를 통해 DNA가 어떻게 유전 정보를 저장하고 자신을 복제하는지를 알게 되었다. DNA 유전 암호의 발견은 분자생물학 분야의 혁명이었으며, 인간이 생명에 대해 좀더 잘 알게 해주었다.

디옥시리보 핵산(Deoxyribo nucleic acid, DNA)은 당과 인산염 그룹이 교차되어 나타나는 사슬의 형태로 구성된다. 아데닌(adenine, A), 시토신(cytosine, C), 구아닌(guanine, G), 티민(thymine, T)의 네 가지 염기가 A-T, C-G, T-A, G-C의 네 가지 수소 결합을 통해 DNA 사다리의 각 살을 형성한다. 생명의 암호(Life's code)는 DNA에 의해 한 세대에서 다음 세대로 전달되는 이 네 개의 염기 순서에 기반하고 있다. DNA 가닥의 염기쌍 순서는 각각의 생물체에서 모두 다르게 나타난다. 하나의 종이 다른 종과 차이를 보이는 것은 바로 이 염기쌍의 순서가 다르기 때문이다.

1962년, 미국 출신의 크릭과 영국 출신의 왓슨은 영국의 과학자 윌킨스(Maurice Wilkins, 1916~2004)와 함께 DNA 이중나선 구조 발견의 공로로 노벨 생리·의학상을 수상했다.

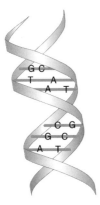

DNA의 일부분

호지킨의 생물학적 분자 구조

도러시 호지킨(Dorothy Hodgkin, 1910~1994) ★

거대 유기물의 분자 구조는 X선 분석을 통해 알 수 있다

호지킨은 비타민 B_{12}와 인슐린의 구조를 발견했다. 화학자들은 일단 분자 구조를 알기만 하면, 그 물질을 합성할 수 있다.

X선결정학(X-ray Crystallography)은 X선을 물질에 쪼여서 분자의 구조를 연구하는 학문 분야다. 분자는 X선을 다양한 유형으로 분산시키는데, 이 유형을 수학적으로 분석할 수 있다. X선결정학은 단순한 분자 구조를 연구할 때는 쉽게 할 수 있지만, 거대 유기물 분자를 연구할 경우에는 매우 복잡해진다. 호지킨은 X선결정학 분야에서 처음으로 컴퓨터를 이용해 연구했고, 결국 1956년에 거의 100개의 원자를 가진 비타민 B_{12}의 3차원 사진을 촬영하는 데 성공했다. 1964년 호지킨은 이러한 연구 공로로 노벨 화학상을 수상했다. 1969년에는 인슐린의 구조를 발견했는데, 이 일은 34년 만에 해낸 것이다(B_{12}의 구조는 6년에 걸쳐 밝혀냈다).

호지킨은 아버지의 근무지였던 이집트 카이로에서 태어났다. 가족이 영국으로 이주한 11세 때부터 중등 교육을 받기 시작한 호지킨은 한 라디오 인터뷰에서 이렇게 회고했다. "그래서 제가 중학교에 처음 갔을 때는, 어떤 일에서든 모자란 쪽이었어요. 특히 수학을 못했어요." 그러나 그는 열심히 공부했으며 학기말에는 반에서 1등을 했다. 그러고는 거대한 생물학적 분자의 복잡한 세계를 밝힌 최초의 과학자가 된 것이다.

리정다오·양전닝의 반전성 개념

★ 리정다오(李政道, 1926~)
  양전닝(楊振寧, 1922~)

반전성(parity)은 기본 입자 간의 약한 상호 작용에서는 보존되지 않는다

　　　　　기본 입자는 네 가지 종류의 힘으로 서로 상호 작용을 한다. 중력(모든 물질 사이에 작용하는 인력), 전자기력(전하를 띤 입자들 사이에 작용하는 힘), 강력(원자핵을 구성하는 힘) 그리고 약력(원자력의 한 가지)이 그것이다.

　반물질(antimatter)의 존재는 대칭성(symmetry)이라는 개념을 이끌었다. 즉 모든 입자는 쌍둥이처럼 거울 이미지의 물질을 가진다는 것이다. 반입자(anti-particle)는 입자의 좌우가 바뀐다는 것을 제외하고는 일반적인 입자와 똑같다. 반전성은 이런 왼쪽·오른쪽 혹은 거울상의 대칭 이미지를 의미하는 말이다. 1956년까지는 반전성의 보존 법칙이라 하여, 어떠한 물리적 좌표계에서 오른쪽의 체계와 왼쪽의 체계는 동일하다고 생각해왔다. 그러나 자연계의 대칭성에는 약간의 흠이 있다. 기본 입자의 특정한 상호 작용은 항상 동일한 방향으로 회전하는 입자를 만들어내는 것이다. 예를 들어 원자가 중성미자를 발산할 때 이것은 항상 동일한 방향(왼쪽)으로 회전한다. 이처럼 기본 입자들은 오른쪽보다는 왼쪽으로 회전하는 것이 많다. 이로 볼 때, 우주는 왼손잡이인 것처럼 보인다. 그 이유는 아직 규명되지 않았다. 1956년 중국 출신의 미국 물리학자들인 리정다오와 양전닝은 약력에 의한 상호 작용일 경우 좌우 대칭성의 증거가 약하게 나타난다고 발표했다. 즉 반전성이 항상 보존되지는 않는다는 것이다. 이 예측은 곧 다른 물리학자들에 의해 실험적으로 증명이 되었다. 비대칭성의 발견으로 이들은 이듬해에 노벨 물리학상을 수상했다.

호일의 원소의 기원에 대한 가설

프레드 호일(Fred Hoyle, 1915~2001) ★

> 우주에 존재하는, 수소보다 무거운 모든 원소는 별 내부에서 가벼운 원소의 원자핵이
> 결합해 무거운 원소의 원자핵을 만드는 과정을 통해 만들어진다
> 이 과정을 별의 핵합성(stellar nucleosynthesis) 과정이라고 한다

이 가설은 별 내부에서 어떻게 화학 원소들이 만들어지는가를 설명해준다.

태양에서는 수소가 결합해 헬륨이 생성된다. 이 과정은 모든 별에서 일생 동안 일어난다. 별이 더 이상 수소의 공급을 받지 못하게 되면, 별은 헬륨을 융합해 베릴륨(beryllium)과 탄소 및 산소를 만들어낸다. 헬륨의 공급마저 끊기면 별은 수축하게 되고 내부 온도가 1억 도까지 올라간다. 이러한 온도 상승은 탄소, 산소와 기타 다른 원소들을 서로 결합시켜 철과 니켈을 만들어낸다. 별이 철과 니켈을 만드는 데 필요한 원소를 모두 소모하고 나면 초신성이 되어 폭발을 일으킨다. 니켈보다 무거운 원소들은 초신성 폭발 때 생성된다.

이 가설은 1957년, 윌리엄 파울러(William Fowler, 1911~1995), 제프리 버비지(Geoffrey Burbidge, 1925~)와 마거릿 버비지(Margaret Burbidge, 1919~) 부부의 도움을 받아서 호일이 발표한 기념비적인 논문을 통해 제안된 것이다.

뛰어난 천문학자였던 호일은 또한 1948년에는 골드, 본디와 함께 우주의 기원에 대해 우주는 시작도 끝도 없다는 정상우주론을 발표하기도 한 그는 유명한 SF 소설가이기도 해 1957년에 『검은 구름 Black Cloud』을 출간한 바 있다.

광합성에서의 캘빈사이클

★ 멜빈 캘빈(Melvin Calvin, 1911~1997)

식물이 광합성 작용을 통해 이산화탄소와 물을 당분으로 바꾸는 화학 반응 사이클

이 사이클은 광합성의 본질에 대한 통찰을 제시했다. 이 개념을 통해 태양에너지를 동력으로 개발하는 인공 광합성에 대한 관심이 늘어났다.

광합성의 반응 조건인 빛의 세기와 온도가 광합성에 어떻게 관여하는지 연구하던 학자들은, 빛의 세기가 낮은 조건에서 광합성이 일어나게 되면 빛의 세기가 증가함에 따라 광합성이 증가하는 단계가 있고, 빛의 포화가 일어난 뒤 빛과 관계없이 화학 반응이 일어나는 단계가 있음을 밝혀냈다. 여기서 빛의 세기에 지배되는 광화학 반응을 '명반응', 빛과 무관한 화학 반응을 '암반응'이라 한다. 이 암반응에서 이산화탄소가 유기화합물로 동화되는 순환 과정을 캘빈사이클이라 한다. 캘빈은 광합성 과정을 밝힌 업적으로 1961년에 노벨 화학상을 수상했다. 한편 암반응의 최초 생산물은 분자당 세 개의 탄소 원자로 이루어진 화합물이기 때문에 이들 식물을 C3 식물이라고 한다.

옥수수와 사탕수수를 비롯한 몇몇 식물들은 해치와 슬랙의 경로(Hatch and Slack pathway)라 불리는 다른 형태의 사이클을 갖는다. 이 사이클에서 암반응의 최초 생산물은 분자당 네 개의 탄소 원자로 이루어진 화합물이기 때문에 이들 식물을 C4 식물이라고 부르며, C3 식물에 비해 두 배 이상 빠르게 이산화탄소를 동화할 수 있기 때문에 더 빨리 성장한다. 해치와 슬랙의 경로는 1966년에 두 명의 호주 과학자인 마셜 해치(Marshall Hatch, 1932~)와 찰스 슬랙(Charles Slack, 1937~)에 의해 발견되었다.

항체의 화학 구조

제럴드 에덜먼(Gerald Edelman, 1929~) ★
로드니 포터(Rodney Porter, 1917~1985)

> 항체의 분자는 한 가닥의 줄기 끝에 두 개의 가지가 각을 이루고 있는 알파벳 Y의
> 형태를 하고 있다. 각각의 가지에는 한 개의 L사슬(면역글로불린의 경쇄)과
> 반 개의 H사슬(면역글로불린의 중연쇄)이 나란히 정렬되어 있다
> 한 가닥의 줄기는 나머지 반 개의 H사슬로 구성되어 있다

각을 이루고 있는 가지들이 외부의 항원을 붙잡아서 이를 파
괴한다.

면역글로불린(immunoglobulin)이라고도 불리는 항체(antibody)는 우리의 신체
가 외부의 전염에 반응하는 면역 체계의 중요한 요소다. 이들은 백혈구에 의해 생
성되는 특별한 단백질 분자로, IgA(면역글로불린 A), IgD, IgE, IgG, IgM의 다섯
개 종류로 나뉜다. 혈액 내에는 대략 수백만 개의 항체들이 있으며, 각각 특정 항
원(antigen, 박테리아나 바이러스, 독성 물질과 같은 외부의 물질)에 반응한다.

1959년 에덜먼과 포터는 각각 독립적으로 항체의 분자 구조에 대한 연구 결과
를 발표했다. 둘의 연구 결과를 살펴보면, 각각의 결과가 서로를 보완하고 있다.
에덜먼과 포터는 1972년에 노벨 생리·의학상을 수상했다. 수상 소감을 말하는
자리에서 그들은 자신들의 연구가 분자생물학과 유전학 분야의 문제들에 대한 참
신하면서도 매력적인 관점들을 제공해줄 것이라고 말했다. "우리는 질병에 대항
하거나 질병을 유발하는 면역 체계의 역할에 대해 더욱 새롭고 확실한 이해를 하
게 됐다. 면역 반응을 이용한 진단과 치료가 더 많이 이루어질 수 있도록 계속 발
전시켜왔다."

호스폴의 암 이론

★ **프랭크 호스폴**(Frank Horsfall, 1906~1971)

암은 세포 내 DNA의 변형에 의해 발생한다

이 이론은 암 연구의 기초를 제공했다.

암은 어떤 체세포가 조절이 불가능하게 성장하는 질병으로, 암세포는 100가지 이상의 각기 다른 형태로 존재한다. 암은 인간 신체 내의 수십억 개에 달하는 세포 중에서, 어느 손상된 세포 하나가 비정상적으로 자가 증식하면서 늘어날 때 발생한다. 이 복제된 세포를 암 혹은 종양이라고 부른다. 세포는 DNA에 의해 조절되는데, 암세포는 바로 DNA에 문제가 발생할 경우에 유발되는 것이다. 문제의 DNA는 유전에 의해 발생할 수도, 발암성 물질에 의해 발생할 수도 있다. 발암성 물질은 암을 유발하는 물질로, 방사선, X선 혹은 자외선에의 과다 노출 그리고 특정 화학 물질 등이 그 예다.

뛰어난 임상의이자 바이러스학 연구자였던 호스폴은 뉴욕에 있는 슬론케터링 암연구소(Sloan-Kettering Institute for Cancer Research)의 연구소장으로 있을 당시, 암이 세포 내에 있는 DNA에 변형이 일어나서 발생한다는 사실을 발견했다. 그는 바이러스와 발암성 화학 물질 사이에는 상호 연관이 있다고 말했다. 그의 분석은 암 연구에 일대 변화를 일으켰으며, 암에 대한 인간의 지식이 급속하게 발전하는 계기가 되었다. 암 연구에 있어 혁혁한 공을 세웠던 이 과학자는 65세 때 암으로 사망했다.

드레이크방정식

프랭크 드레이크(Frank Drake, 1930~) ★

우리은하 내에 존재하는 문명의 수는 단순한 공식으로 예측할 수 있다

_____ 외계인 씨, 거기 계세요?

이 공식을 간단히 해보면 다음과 같다. 우리은하 내에 존재하는 진보 문명을 가진 생명체의 수(N)를 알기 위해서는 다음의 요소를 알아야 한다.

· 은하계 내에 1년 동안 얼마나 많은 별이 생겨나는가? (R)
· 얼마나 많은 별들이 각각의 행성을 소유하고 있는가? (p)
· 얼마나 많은 행성들이 생명이 살기에 적합한가? (e)
· 얼마나 많은 행성에서 생명이 실제로 나타나는가? (l)
· 얼마나 많은 행성에서 생명체가 지능을 가진 존재로 진화하는가? (i)
· 얼마나 많은 행성의 지능을 가진 생명체가 다른 세계와 상호 소통을 할 수 있는가? (c)
· 이들 진보 문명의 평균 수명 (L)

위의 일곱 가지 요소를 서로 곱하면, $N=R \cdot p \cdot e \cdot l \cdot i \cdot c \cdot L$의 공식이 나온다.

우리가 이들 요소의 값을 알기만 하면 우리는 N을 계산할 수 있다. 그러나 천문학자들은 정확한 값을 알 수 있다고 생각하지 않는다. 따라서 N 값은 1(지구가 유일한 문명일 경우)에서 수백만("외계인 씨, 연락해주세요. 우리가 듣고 있습니다")에 이를 수도 있다. 이 값은 단지 우리의 은하계만을 고려했을 때의 값이고, 우리가 관측할 수 있는 우주에는 1,250억 개(지금도 세고 있는 중이다)의 은하계가 존재한다.

미국

카슨의 환경오염 이론

★ 레이철 카슨(Rachel Carson, 1907~1964)

지구 역사상 처음으로, 모든 인간이 태어날 때부터 죽을 때까지
위험한 화학 물질과 접촉할 수밖에 없게 됐다

카슨은 자신의 책『침묵의 봄 The Silent Spring』에서 위와 같은
가설을 내세움으로써 인간이 환경에 대해 의식할 수 있도록 도왔다.

카슨은 동물학 분야에서 석사학위를 마친 후, 미국 어류야생동물관리국(US
Fish and Wildlife Services)에서 생물학자로 일하기 시작했다. 1941년에 출간된 그
의 첫 번째 책『바닷바람 아래에서 Under the Sea-Wind』는 겨우 몇 권만이 팔렸지
만, 1951년에 출간된 두 번째 책『우리를 둘러싼 바다 The Sea Around Us』가 경이
적인 성공을 거두자 그는 전업작가가 되었다. 1955년에 출판된 다음 책『바다의
가장자리 The Edge of the Sea』역시 같은 성공을 거두었다.

그러던 중 1957년, 한 친구가 카슨에게 모기살충제인 DDT의 공중 살포로 인
해 어떻게 새들이 죽어가는지에 대해 써 보냈다. 카슨은 4년에 걸쳐 살충제가 환
경에 미치는 위험에 대해 연구했고, 1962년 자신의 역작『침묵의 봄』에서 독성 살
충제가 종종 야생동물에 해를 입힐 뿐 아니라 장기적으로 인간의 건강에도 악영
향을 끼친다는 것을 과학적 증거와 함께 제시했다. 이 책은 화학업계의 대대적인
반발에 부딪혔으며, 화학업계는 카슨을 히스테리 환자로 취급했다. 그러나 1963
년 미국 정부의 과학위원단은 카슨의 주장 대부분을 지지했다. 카슨은 그 이듬해
에 유방암으로 사망했지만, '침묵의 봄'이라는 환경 운동이 시작되어 지금은 거
대한 물결이 되었다.

나비 효과

에드워드 로렌즈(Edward Lorenz, 1917~) ★

동적 시스템의 작동은 체계를 구성하는 각 작은 부분의 초기 조건에 의존한다

지구의 날씨와 같은 카오스(chaos) 체계에서, 가장 작은 부분의 변화로도 커다란 변화가 올 수 있다. 이론상으로는, 베이징에 있는 나비의 작은 날갯짓이 수 주 후에 수천 킬로미터가 떨어져 있는 시드니에 눈보라를 불게 할 수 있다.

대기과학자인 로렌즈는 컴퓨터로 대기 모델링을 실시해서 일기 예보에 이용한 최초의 과학자 중 한 사람이었다. 그는 MIT에서 연구하면서 몇몇 지역의 날씨 변화를 예측하기 위해 간단한 컴퓨터 모델을 개발했다. 그는 모델 개발 과정에서 반올림 수(예를 들면, 0.506127을 0.506으로)를 사용했는데, 그런 작은 차이에도 모델 결과가 크게 달라지는 것을 보고 놀랄 수밖에 없었다. 이는 나비의 날갯짓 같은 예측 불가능한 초기 조건의 작은 변화가 지구 전체의 기상 변화를 야기할 수 있다는 것을 보여주었다.

나비 효과는 무질서한 시스템을 서술하는 새로운 과학 분야인 카오스 이론의 한 면을 보여준다. 이 이론은 겉보기에 불규칙적이고 미래 상태에 대한 예측이 불가능한 현상을 설명하려는 이론이다. 여기서 카오스는 '혼돈'을 뜻하지만, 나름대로 질서와 규칙성이 있고 미래의 상태가 초기 상태에 따라 결정되는 결정론적인 성격이 있어서 '무작위'와는 구별된다. 이 이론은 오늘날 주식 시장 연구나 질병의 전염성 그리고 야생동물의 개체 수 등의 분야에 적용되고 있다.

겔만의 쿼크 이론

★ 머리 겔만(Murray Gell-Mann, 1929~)

중성자와 양성자는 쿼크(quark)라 불리는 입자들로 구성되어 있다
전자와 같이, 쿼크는 더 이상 쪼개질 수 없다

　　　　　최근까지 쿼크는 물질의 기본 구성 입자로 여겨졌으나, 몇몇
물리학자들은 쿼크도 더 작은 입자로 구성되어 있다고 믿는다.

　기본 입자란 물질과 에너지를 이루는 최소 단위의 입자를 의미한다. 오늘날 시
간과 물질, 우주의 본질을 이해하는 데 가장 중심이 되는 강력한 이론인 입자물리
학의 표준 모델은 모든 기본 입자를 여섯 종류의 경입자(렙톤, lepton), 여섯 종류
의 쿼크 그리고 네 종류의 보손의 무리로 나눈다. 그중에서 경입자는 전자, 전자
중성미자, 뮤온(muon), 뮤온중성미자, 타우(tau), 타우중성미자로 구성되며, 쿼크
는 업(up), 다운(down), 참(charm), 스트레인지(strange), 톱(top), 보텀(bottom)으
로 구성된다. 일반적인 물질은 양성자(업-업-다운의 쿼크 3항)와 중성자(업-다운-다
운의 쿼크 3항) 그리고 전자들로 이루어진다. 그러나 이것이 모두 겔만의 이론은
아니며, 후에 추가된 이론에 의한 것들도 있다.

　겔만은 쿼크라는 단어를 제임스 조이스(James Joyce, 1882~1941)의 소설 『피네
간의 경야 Finnegan's Wake』(1939)에 나오는 "미스터 마크를 위해 맥주 3쿼트
를!(Three quarks for Muster Mark!)"이라는 구절에서 따왔다. 겔만은 세 가지 쿼크
의 존재를 제시했다(나머지 세 가지는 다른 과학자들이 제시한 것이다). 쿼크는 단독
으로 존재하지는 못하며, 입자가속기를 통해 만들어낼 수 있다. 톱을 제외한 모든
쿼크는 1977년에 만들어졌으며, 톱 쿼크는 1995년에 만들어졌다.

무어의 법칙

고든 무어(Gordon Moore, 1929~) ★

컴퓨터 칩의 트랜지스터 수는 18개월마다 두 배로 증가해왔다

컴퓨터 칩의 수가 두 배로 증가할 때마다 작동 속도도 두 배로 빨라진다. 컴퓨터 칩도 대략 이 정도의 속도로 발전한다.

1965년 인텔의 설립자 중 한 사람이었던 무어는 실리콘 칩의 트랜지스터 수가 기하급수적으로 증가하는 것을 관찰하고는 오늘날 무어의 법칙으로 불리는 유명한 예측을 내놓았다. 이러한 기하급수적인 성장 패턴은 오늘날까지도 계속되고 있으며, 이에 따라 컴퓨터의 가격은 점점 내려가고 성능은 크게 강력해졌다. 예를 들면, 1971년 인텔의 첫 번째 컴퓨터 칩인 4004 모델에는 2,300개의 트랜지스터가 사용되었으며, 1982년에 나온 286 컴퓨터에는 트랜지스터의 수가 12만 개로 증가했다. 1993년에 나온 펜티엄 컴퓨터에는 310만 개의 트랜지스터가, 2000년에 나온 펜티엄 4에는 4,200만 개의 트랜지스터가 사용되었다.

동시에 컴퓨터 칩의 크기는 계속해서 작아졌다. 마이크로 칩은 인간의 머리카락 두께, 즉 100나노미터 크기의 나노 칩이 되었다. 2020년 무렵에는 이 칩들 속에 100억 개의 트랜지스터를 넣을 수 있을 것이다. 얼마나 계속 이러한 성장 추세를 보일 것인가? 어떤 물리학자들은 앞으로 600년 정도가 이러한 성장 추세의 한계일 것이라고 예상한다. 무어가 자신의 예측을 내놓을 당시에는 약 10년 정도 이러한 성장 추세를 보일 것으로 생각했다.

양자역학은 20세기 초 과학계의 최대 화두였다. 당시는 전자기파에 대한 여러 사실들과 원자보다도 더 작은 각종 소립자들이 발견되면서, 눈에 보이지 않는 입자와 파동에 관한 연구가 더욱 활발해지는 시기였다. 이런 '미시 세계'의 운동과 현상들을 탐구하던 과학자들은 뉴턴이 확립한 운동역학으로는 설명할 수 없는 부분들이 많음을 발견하게 된다. 그래서 과학자들이 200년이 넘도록 과학계를 지배한 뉴턴역학에 '고전 역학'이라는 꼬리표를 달아놓고 옮겨 간 학문이 바로 양자역학이다.

양자역학의 태동을 알린 이는 플랑크였다. 그가 1900년에 내놓은 양자 이론에 따르면, 에너지는 연속적인 양이 아니라 일정하게 나뉘어 존재하고, 에너지를 발산할 때도 그 나뉜 단위로 발산하게 된다. 이렇게 에너지가 일정한 양으로 나뉘어 있다는 데서 '양자'의 개념이 나왔다.

에너지가 연속적인 흐름이라는 기존의 관념을 갖고 있던 과학자들에게 플랑크의 양자 이론은 쉽게 받아들이기 힘들었다. 그런데 플랑크의 이론을 적극 수용한 이가 있었으니 바로 아인슈타인이다. 그는 1905년 발표한 논문에서 양자 개념을 이용해 광전자 효과를 설명했다. 즉 빛은 연속적인 파동으로 공간에 퍼지는 것이 아니라, 불연속적인 입자(광자)처럼 운동한다는 것이었다. 이렇게 빛이 양자화되어 있음을 주장한 이 논문을 보통 '광양자 가설'이라 부른다. 물론 아인슈타인이 양자역학을 온전히 받아들인 것은 아니었지만, 그의 광양자 가설은 이후 양자역학의 발전에 중요한 역할을 했다.

1924년엔 드브로이가 전자 역시 광자와 마찬가지로 입자와 파장의 이중성을 가지고 있음을 제시했고, 슈뢰딩거는 드브로이의 영향을 받아 1926년 수소 원자 내 전자의 파동을 나타낸 방정식을 발표한다. 이 방정식에 따르면, 물질의 존재 형태는 '파동'으로 기술되며 이 방정식을 통해 얻어진 파동함수에 따라 전자의 상태가 확률로 결정된다. 즉 전자가 파동으로 존재할 확률, 입자로 존재할 확률이 모두 있지만, 관측자에 의해 관측되는 순간에는 오직 하나의 형태로만 존재한다.

이보다 앞서 1925년 하이젠베르크가 제안한 행렬역학은 슈뢰딩거의 파동방정식과 함께 양자역학의 기반을 이룬다. 행렬역학은 연산자로 되어 있는 양자역학의 물리량을 행렬로 표현한 것으로, 이렇게 되면 물리량의 관계나 시간 변화를 나타내는 관계식은 행렬방정식이 된다.

1927년 디랙은 슈뢰딩거의 파동방정식과 하이젠베르크의 행렬역학이 동등하다는 변환 이론을 내놓는다. 즉 양자역학의 체계를 각각 행렬과 미분방정식으로 구체화한 것이 행렬 역학과 파동방정식이라는 것이다(오늘날에는 행렬보다 미분 쪽이 다루기 쉽다는 이유로 파동방정식이 많이 사용된다).

행렬역학과 파동방정식에 의해 양자역학이 구체화되었다면, 양자역학에 철학적인 의미를 부여한 것은 하이젠베르크의 불확정성 원리였다. 1927년 하이젠베르크는 '기본 입자의 위치와 운동량을 동시에 측정하는 것은 불가능하다'고 발표했다. 이것은 수학적으로 얘기하자면, 어떤 관측 가능량을 정확히 측정하면 다른 관측 가능량의 값은 특정 값으로 주어지지 않고 여러 값이 각각 일정한 확률로 얻어지는 흩어짐을 나타낸다는 것이다. 이것은 고전역학의 결정론적인 세계와 대비해 양자역학의 확률적인 성격과 예측 불가능성을 상징하는 원리로 많이 인용된다.

1928년에는 보어가 상보성 원리를 발표한다. 이것은 물질이 파동과 입자의 이중성을 갖고 있다는 양자역학의 해석이 고전역학을 거스르는 것이 아니라 보완하는 것임을 말하며, 1970~1980년대에 행해진 실험들은 보어의 관점이 옳음을 나타내고 있다.

영국

호킹의 블랙홀 이론

★ 스티븐 호킹(Stephen Hawking, 1942~)

우주의 탄생을 알리는 빅뱅의 첫 순간 동안 특정 구역에서 난류에 의해 팽창이 아닌 수축이 발생했다. 이로 인해 물질들이 수 마이크로미터(micrometer, 1마이크로미터는 1미터의 100만분의 1로 기호는 /m)에서 수 미터 크기(질량으로는 수 밀리그램에서 거대한 행성 크기의 질량까지)의 블랙홀로 밀려 들어갔다. 이때 생긴 수많은 미니 블랙홀은 지금도 존재할 수 있으며 태양계 내, 어쩌면 지구의 궤도 주위에도 존재할 수 있다

미니 블랙홀은 아직까지 직접 관측되지는 않았다.

1974년 호킹은 "블랙홀은 실제로는 그다지 검지 않다. 블랙홀은 뜨거운 물체처럼 백열광을 내고 있으며, 그 크기가 작을수록 백열광은 더욱 환해진다"고 밝혔다. 그는 블랙홀이 자체의 질량을 입자와 복사에너지로 변형시켜 발산하고 있다는 이론을 제시했다. 물론 이 에너지는 블랙홀의 내부가 아니라 블랙홀의 사건의 지평 바깥쪽의 진공에서 방출되는 것이다. 이것은 양자역학 이론을 적용한 것으로, 양자역학에 의하면 입자들은 가만히 정지해 있지 않고 끊임없이 생성과 소멸을 반복하게 되는데, 이때 입자들은 반입자와 쌍으로 생성되거나 소멸된다. 그런데 이런 입자쌍의 생성과 소멸이 블랙홀의 사건의 지평에서 일어난다면, 입자 가운데 하나가 블랙홀의 강력한 중력에 의해 빨려 들어가고 나머지 입자는 밖으로 튀어 나갈 수 있다. 이렇게 밖으로 향하는 (+)에너지 복사는 블랙홀로 들어가는 (-)에너지 입자량과 균형을 이루게 되는데, 블랙홀은 (-)에너지가 들어옴으로써 질량이 서서히 줄어들어 점차 증발되게 된다는 것이다. 따라서 블랙홀은 영원히 존재할 수는 없다. 오늘날 호킹복사(Hawking radiation)로 알려진 복사에너지의 양은 블랙홀의 질량의 제곱 값에 반비례하며, 따라서 블랙홀이 작을수록 그 수명도 짧아진다.

오존의 감소에 대한 이론

셔우드 롤런드(Sherwood Rowland, 1927~) ★
마리오 몰리나(Mario Molina, 1943~)

염화플루오르화탄소 기체는 대기권 상층에 있는 오존층을 파괴한다

오존층은 태양에서 오는 유해한 자외선의 대부분을 흡수해 생명체가 살아갈 수 있도록 보호해준다.

프레온 가스로 널리 알려진 염화플루오르화탄소(chlorofluorocarbon, 줄여서 CFC)는 냉매 또는 고분자 화합물의 기포제로 사용되는 합성 물질이다. 이 물질은 1970년대 헤어스프레이의 추진제로 널리 사용되었다. CFC는 기본적으로는 반응성이 없는(불활성) 물질로 공기와 반응하지 않으며, 비에도 녹지 않고, 바닷물에도 흡착되지 않으며, 햇빛에 분해되지도 않는다.

롤런드와 몰리나는 CFC가 대기권 저층에서는 거의 완전하게 불활성이며, 결국 대기권 상층으로 이동해 오존층이 위치하는 높이에서 태양빛에 의해 분해된다고 주장했다. 이 화합물에서 떨어져 나온 염소 분자가 오존(O_3)을 산소(O_2)로 바꾸는 반응의 촉매 역할을 하게 되는 것이다. 오존층이 감소하면 지상에 닿는 자외선의 양이 많아진다. 롤런드와 몰리나의 이론은 처음에는 조롱을 받았지만, 과학자들이 북극과 남극 상공에서 오존층이 심하게 약해져 있다는 사실을 발견한 뒤로는 존경을 받았다. 대부분의 선진국에서는 오늘날 CFC의 사용을 줄이고 있다. 롤런드와 몰리나는 1995년에 노벨 화학상을 수상했다.

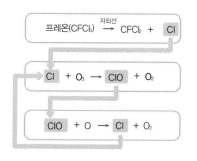

프레온(CFCl$_3$) $\xrightarrow{\text{자외선}}$ CFCl$_2$ + Cl

Cl + O$_3$ → ClO + O$_2$

ClO + O → Cl + O$_2$

가이아 가설

★ 제임스 러블록(James Lovelock, 1919~)

지구는 하나의 거대한 거대 생물체처럼 작동한다

　　　　생명과 환경은 하나의 시스템의 두 부분이다. 생명체는 지구의 환경에 영향을 미쳐 자신이 살기에 알맞은 환경으로 육성하고 관리한다. 이 시스템이 심하게 훼손되면 지구는 스스로 자정 작용을 한다.

러블록이 지구를 하나의 살아 있는 생물체로 보는 특이한 이론을 발표했을 때, 소설가인 윌리엄 골딩(William Golding, 1911~1993)은 그의 가설 이름을 가이아(Gaea, 영어로는 Gaia)라고 지으라고 제안했다. 가이아는 그리스 신화에 나오는 대지의 여신의 이름이다.

러블록은 지구를 살아 있는 생물체로 보고, 우리 인류 역시 그 일부분이라고 했다. 환경에 거스르는 영향을 미치는 생명체는 모두 멸종되었지만, 생명은 계속해서 유지되고 있다. 당시 《뉴 사이언티스트 New Scientist》라는 과학 잡지에 실린 가이아 학설에 관한 기사는 독자들을 경악케 했다. 에이즈가 호모 사피엔스라는 악한 종이 지구라는 시스템의 균형 상태를 유지하는 데 해가 된다고 인식한 환경의 대응책일 수 있다는 것이었다. 이러한 가이아 학설에 대한 견해는 잡지의 독자란에 논쟁을 불러일으켰다. 그러나 이 논쟁에 종지부를 찍은 것은 한 만평에 나온 설명이었다. "만일 가이아가 인류를 멸종시키기 위해 에이즈를 만든 것이라면, 애초에 고무나무를 만들지 않았을 것이다."

가이아 가설은 진화론과 상치되기 때문에 많은 반대 학설이 뒤따르고 있다.

소행성 충돌에 의한 공룡멸종설

루이스 앨버레즈(Luis Alvarez, 1911~1988) ★

> 6,500만 년 전, 거대한 도시 크기의 소행성 하나가 지구와 충돌해
> 거대한 먼지 구름을 일으켰고, 이 구름은 담요처럼 지구를 덮어 태양빛을 차단했다
> 이에 따른 기후 변화는 다른 생물종의 75퍼센트와 함께 공룡을 멸종시켰다

공룡의 멸종에 대해서는 많은 이론이 있지만, 소행성 충돌로 인한 멸종설이 현재 가장 유력하다.

1970년대 후반, 월터 앨버레즈(Walter Alvarez, 1940~)는 공룡이 멸종한 시기인 6,500만 년 전에 형성된 이탈리아의 암석층에 엄청나게 많은 양의 이리듐(iridium)이 있다는 것을 우연히 발견했다. 지구의 암석에는 매우 적은 양의 이리듐만이 존재하기 때문에 월터의 아버지인 루이스 앨버레즈는 이탈리아의 암석층에 존재하는 이리듐이 외계에서 온 것이라는 주장을 했다. 노벨 물리학상을 수상한 바 있는 루이스는 또한 거대한 양의 이리듐이 6,500만 년 전에 형성된 세계 도처의 암석층에 남아 있을 것으로 예상했다. 1980년에 나온 이 예측 이후에 과학자들은 이리듐이 다량 함유된 암석층을 100여 곳 이상 찾아냈다.

월터와 루이스는 우주에서 날아온 거대한 소행성이 지구와 충돌했던 것으로 결론을 내렸다. 1980년대, 지질학자들은 200킬로미터 넓이의 운석공(운석 구덩이, crater)이 멕시코의 칙슬루브(Chicxulub)의 표층 아래에 묻혀 있는 것을 발견했다. 오늘날 많은 과학자들이 그 운석공을 만들어낸 소행성이 공룡을 멸종시켰을 것으로 믿는다.

풀러린

★ 로버트 컬(Robert Curl, 1933~)
해럴드 크로토(Harold Kroto, 1939~)
리처드 스몰리(Richard Smalley, 1943~2005)

원자들이 축구공처럼 작고 속이 빈 구 형태로 정렬된 새로운 탄소 원소 형태

흑연이나 다이아몬드처럼 풀러린(fullerene, 버키볼이라고도 한다)은 탄소 원소의 결정 구조 중 하나다.

풀러린은 화학자 컬, 크로토, 스몰리가 기화된 흑연을 이용해 긴 탄소 사슬을 만드는 실험 과정에서 태어났다. 그들은 실제로 긴 탄소 사슬을 만들었지만, 탄소 원자가 짝수로만 결합해 분자를 형성할 뿐 아니라 그중 다수가 탄소 원자 60개를 서로 엮은 공 모양을 이루는 것을 발견했다. 그들은 60개의 탄소 원자로 이루어진 형태의 특별한 점이 무엇인지, 어떻게 60개의 원자로 이루어진 각 형태들이 안정된 구조를 이루는지를 알고자 했다.

크로토는 그 탄소 분자가 건축가 벅민스터 풀러(Buckminster Fuller, 1895~1983)가 철골 및 유리로 만든 측지선 돔(geodesic domes)의 형태를 닮았을 것이라는 제안을 했다. 다음 날, 스몰리는 60개의 탄소 원자가 20개의 육각형과 12개의 오각형의 형태로 서로 연결되어 매우 안정된 구조를 취한다는 사실을 알아냈다.

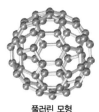

풀러린 모형

오늘날 이 새로운 구조 형태는 풀러린으로 알려져 있다. 컬, 크로토 및 스몰리는 1996년에 노벨 화학상을 수상했다. 이들의 발견은 새로이 발전하는 화학의 한 분야다. 풀러린은 이제 60개 이상의 탄소 원자를 이용한 여러 형태와 크기로 만들어지고 있다.

이브 가설

앨런 윌슨(Allan Wilson, 1934~1991) ★

모든 인간은 20만 년 전 아프리카에 살았던 한 여성으로부터 진화되었다

모든 과학자가 이 가설을 지지하는 것은 아니다. 그들은 인간이 100만 년 전쯤 각기 다른 지역에서 기원했다고(다지역 기원론) 생각한다.

캘리포니아대학교 버클리캠퍼스의 분자진화학자 윌슨과 그의 동료 레베카 칸(Rebecca Cann), 마크 스톤킹(Mark Stoneking)은 아프리카, 아시아, 유럽, 오스트레일리아 그리고 파푸아뉴기니에서 채집한 147개의 미토콘드리아 DNA(mtDNA)를 조사한 후 '이브 가설'을 주장했다. mtDNA는 부친의 세포와는 관계없이 모체의 난자 세포를 통해 전 세대에서 다음 세대로 전해진다. 정자의 미토콘드리아는 수정 시에 살아남지 못하기 때문에 인간의 mtDNA는 모계를 통해 유전된 것이다. 윌슨의 연구팀은 각각의 mtDNA를 비교했고, 133개의 mtDNA 종류를 발견해 선조의 mtDNA 계통을 유추하는 계통분류도를 그리는 데 사용했다. 이들 mtDNA 계통은 공통된 조상을 갖고 있었다. 이 한 명의 조상(여성)에게는 '이브'라는 이름이 붙여졌다.

다른 과학자들은 Y염색체 내에서 전 세계 사람들이 공통적으로 갖고 있는 DNA 가닥을 발견했다. 이 발견을 통해 그들은 모든 인간이 27만 년 전에 살았던 조상의 Y염색체(부계 쪽에서 유전되어 남성 쪽의 유전을 보여주는)를 공유하고 있다고 추론했다.

버너스리의 웹 개념

★ 팀 버너스리(Tim Berners-Lee, 1955~)

월드 와이드 웹(www 혹은 그냥 웹)은 인터넷 하이퍼텍스트 기반의 그래픽 정보 시스템이다

웹의 거대한 성장은 창시자의 세 가지 목표를 실현했다.

(1) 사람들이 손가락 하나만 움직여서 매일 새로운 정보를 획득할 수 있게 하는 것

(2) 모든 사람들이 자신의 생각과 문제에 대한 해결책을 서로 공유할 수 있는 정보 마당을 만드는 것

(3) 흩어져 있는 정보를 모아 통합하는 공간을 만드는 것

1980년대 제네바의 유럽원자물리학연구소(CERN)에서 일하던 버너스리는 HTML, 즉 하이퍼텍스트 언어(HyperText Markup Language)라고 불리는 단순한 프로그램 언어를 개발했다. HTML은 그림, 오디오 및 비디오를 포함한 텍스트의 형식을 지시하는 간단한 코드(예를 들어, <B>**bold**</B>이나 <I>*italic*</I>과 같은)를 갖는다. 그는 또한 인터넷을 통해 파일을 옮길 수 있게 하는 HTTP, 즉 하이퍼텍스트 변환 규약(HyperText Transfer Protocol)이라 불리는 규격과 인터넷상에 파일을 위치시키는 주소 시스템(Uniform Resource Locators, URL)을 고안했다. 이제 그에게 남은 것은 HTML 파일을 볼 수 있도록 하는 방법을 찾는 것이었다. 그는 간단한 검색 프로그램을 개발했으며, 1991년 CERN 컴퓨터에 연구 결과를 밝혔다. 그 이후는 역사에 드러나 있는 사실과 같다.

버너스리는 자신의 발명품에 대해 특허를 신청하지 않았다. 2004년, 그는 삶의 질을 향상시킨 업적을 이룬 뛰어난 기술자에게 수여하는 밀레니엄 기술상의 첫 수상자가 되었다.

크릭의 의식에 대한 가설

프랜시스 크릭(Francis Crick, 1916~2004) ★

> 인간의 뇌를 비행기의 블랙박스처럼 연구해서는 의식에 대한 진정한 이해를 할 수 없다
> 뉴런(neuron)과 뉴런 사이의 내부 구조를 연구해야만
> 의식에 대한 과학적인 모델을 만드는 데 필요한 정보를 얻을 수 있다

간단히 말해, 의식(혹은 영혼)은 복잡한 뉴런의 네트워크일 뿐이다.

프랑스의 철학자이자 수학자인 데카르트는 인간의 본질이 되는 마음은 두뇌와는 별개인 비물질 요소로서, 두뇌와 서로 상호 작용을 하는 것이라 생각했다. 아직도 과학자들 몇몇은 마음과 두뇌가 별개라는 데카르트의 믿음을 고수하고 있지만, 상당수는 의식과 같은 마음의 작용도 인간의 뇌 속에 존재하는 500억 개의 신경 세포와 같은 물질적 연구를 통해 설명이 가능할 것이라 믿고 있다. 전통적으로 신경학자들과 정신의학자들은 의식에 대해 연구하는 것을 무시했다. 의식을 연구하는 것은 너무 철학적인 문제거나 실험실에서 연구하기에는 너무 어렵다고 생각한 것이다. 그러나 크릭을 비롯한 몇몇 과학자들이 인간의 두뇌가 어떻게 의식을 만들어내는가에 대한 설명을 찾기 시작하면서, 과학자들도 이 문제에 대해 '과학적으로' 관심을 갖기 시작했다. 물론 이 문제에 대한 답은 영원히 찾지 못할 수도 있다.

DNA의 이중나선 구조를 발견해 노벨상을 수상했던 크릭은 저서 『놀라운 가설 : 과학을 통한 영혼 연구 The Astonishing Hypothesis : The Scientific Search for the Soul』에서 이 가설을 주장했다.

굴러 떨어지는 토스트 이론

★ 로버트 매슈스(Robert Matthews, 1959~)

접시나 탁자에서 떨어지는 토스트 조각은
자연히 버터를 바른 면이 아래로 오게 떨어진다

이 이론은 머피의 법칙의 명백한 증거를 제시해준다(적어도 매
슈스는 그렇게 말했다).

영국 애스턴대학교의 물리학자인 매슈스는 《유럽 물리학저널 European Journal
of Physics》 1995년 7월 16일자에 「굴러 떨어지는 토스트, 머피의 법칙과 기본 상
수 Tumbling Toast, Murphy's Law and the Fundamental Constants」라는 연구 논문을
발표했다. 이 논문에 따르면 "토스트가 땅에 떨어질 때, 중력에 의한 회전력이 버
터를 바른 면이 위로 올라오게 하기에는 부족하기 때문에 버터를 바른 면이 바닥
을 향해 떨어지는 자연적인 경향을 갖는다." 이 논증은 다섯 쪽 분량의 수학적인
계산으로 설명된다. 매슈스는 버터를 바른 토스트에 대한 남다른 관찰력으로
1996년에 노벨상의 패러디인 이그 노벨 물리학상을 수상했다.

2001년 매슈스는 자신의 이론을 실험적으로 증명하고자 했다. 영국 전역의 학
교에서 모인 1,000여 명의 어린이들이 그의 실험에 참가했으며, 9,821회의 토스
트 낙하 실험을 했을 때 6,101회에 걸쳐 버터를 바른 면이 바닥을 향했다. 이그
노벨상을 지지하는 사람들은 "이로써 로버트 매슈스는 자연이 진공청소기로 닦
은 바닥을 싫어한다는 사실을 이론적으로도 실험적으로도 증명했다"라고 말했
다. 이제 당신은 머피의 법칙이 단순한 미신인지 아니면 과학적인 법칙인지를 증
명할 수 있을 것이다.

동물 복제 실험

이언 윌멋(Ian Wilmut, 1944~) ★

성체의 조직에서 동물 복제가 가능하게 되었다

복제 동물은 같은 부모에서 이성 생식이 아닌 방법을 통해 생산된, 동일한 유전자를 가진 개체를 말한다. 1975년부터 개구리나 여러 동물들에 대한 복제가 이루어졌지만, 포유류가 복제된 것은 이때가 처음이었다.

영국의 에든버러 근교에 있는 로슬린연구소의 윌멋과 그의 연구진은 다 자란 양의 젖샘의 상피 조직에서 세포들을 채취했다. 또 다른 양에서는 난자를 채취해 이 양의 DNA를 포함하고 있는 세포핵을 제거했다. 그리고 전자파를 이용해 젖샘의 상피 세포를 난자의 세포핵 위치에 합성시켰다. 이렇게 해서 복제된 난자들은 태아가 발생될 때까지 배양 접시에 담겨 있었다. 복제한 277개의 난자들 중 태아로 성장한 것은 겨우 29개뿐이었다. 이것들은 모체의 역할을 하게 될 열세 마리의 암양에 나누어 이식됐다. 5개월 후, 이들 중 오직 한 마리의 양이 탄생했다. 이 양의 이름은 돌리(Dolly)였다. 돌리는 아버지가 없이 오직 가슴 분비 조직 세포에 있던 유전 정보만을 갖고 있었던 것이다. 복제양 돌리는 2003년에 죽었다. 윌멋의 연구팀은 2000년에 동물 복제에 대한 특허를 얻었다. 그 후, 동물 복제 실험은 계속해서 소나 돼지와 같은 여러 종류의 동물에 대해 성공적으로 이루어지고 있다. 이 실험은 인간 복제도 가능하다는 사실을 보여주었지만, 이론적, 윤리적, 도덕적, 사회적인 논쟁을 불러일으켰다.

스노볼 지구 이론

★ 폴 호프먼(Paul Hoffman, 1942~)

약 6억 년 전, 지구는 갑자기 수천 년에 걸쳐 두께가 1킬로미터 이상인 얼음으로 덮인 겨울이 되어버렸다. 수백만 년 동안 지속된 스노볼(snowball) 시기는 과거 지구의 역사 중 가장 춥고 가장 혹독한 시기였다. 이와 비교해보면, 빙하기 정도는 지구 역사에서 살짝 추웠던 에피소드 정도에 지나지 않는다

스노볼은 지구과학 분야에서 가장 뜨겁게 논쟁이 이는 이론으로, 이에 반대하는 입장에서는 지구의 변화가 매우 천천히 일어난다는 점을 강조한다.

지구의 온도는 화산에서 분출된 가스가 대기권을 온실로 만들면서 점차 증가하기 시작했다. 몇 세기 지나지 않아서 얼음은 모두 녹았고, 지구의 기후는 매우 덥고 습하게 변했다. 일단 지구 환경이 온실로 변하게 되자 우리가 현재 캄브리아기 대폭발(Great Cambrian Explosion)이라고 부르는 사건을 통해 다양한 생물체가 대량으로 나타났다.

스노볼 이론은 1960년대에 처음 등장했다. 스노볼이라는 단어는 1992년에 미국의 고생물학자인 조 커시빙크(Joe Kirschvink, 1953~)가 만들어냈지만, 스노볼 이론을 정립해 최고 권위자로 인정받는 이는 캐나다 출신의 호프먼이다. 그는 스노볼 지구 이론이 여태껏 풀리지 않은 미스터리들을 모두 해결해버렸다고 강조한다. "이것이 매우 위험한 생각이라는 것을 알고 있지만, 이 이론은 우리가 올바른 방향으로 가고 있다고 믿게 하는 각각의 증거들을 모두 설명해준다."

페르미문제

엔리코 페르미(Enrico Fermi, 1901~1954) ★

> 질문에 대한 답변은 대략적인 근삿값과 추측치
> 그리고 극소수의 자료만을 토대로 한 통계 처리에서도 나올 수 있다

페르미문제(혹은 페르미질문)는 반드시 정확한 지식을 필요로 하지는 않고, 타당한 가정을 통해서 답변될 수도 있다.

현대의 위대한 이탈리아 과학자였던 페르미는 1938년에 핵반응에 대한 연구로 노벨 물리학상을 수상한 직후, 무솔리니(Benito Mussolini, 1883~1945)의 파시즘 정부 치하에 있던 이탈리아로부터 도망쳤다. 그는 미국으로 건너가 1942년에 처음으로 원자로를 건설했다.

페르미는 일반적인 세상의 작용 원리에 대해 예상외의 질문을 던지고는 상대방의 답변에 대해 설명해주는 것을 즐겼다. 몇 가지 고전적인 페르미문제를 살펴보면, 시카고에는 얼마나 많은 피아노 조율사가 있을까? 미국의 사법권이 미치는 영역 내에는 얼마나 많은 원자가 있을까? 까마귀는 얼마나 멀리 날 수 있을까? 등등이다. 인터넷에서 더 많은 페르미문제를 찾을 수 있을 것이다. 검색창에 '페르미문제'라고 쳐보라. 당신도 직접 페르미문제를 고안해낼 수 있을 것이다.

시공간도
휠 수 있다

상대성이란 '물체의 운동은 그 운동을 관측하고 있는 관측자의 운동 상태에 따라 다르게 관측된다'는 것을 말한다. 아인슈타인이 1905년 발표한 특수 상대성 이론은 여기서 관측자가 '등속도'로 운동하고 있는 '특수한' 상황을 설명하는 이론이었다. 그래서 그는 가속도와 중력까지 고려한 '일반적'이고 보편적인 상황을 설명하는 이론을 세우고자 노력했고, 그 결과 1916년에 일반 상대성 이론을 내놓았다.

아인슈타인은 일반 상대성 이론을 펴기 위해 '등가 원리'라고 하는 것을 핵심 전제로 삼았다. 여기서 '등가'란 가속도와 중력이 같음을 뜻한다. 등가 원리를 설명하는 데 가장 많이 사용되는 엘리베이터의 예를 들어보자. 만약 지상에 정지해 있는 엘리베이터 안에 사람이 서 있다고 한다면, 이 사람은 현재 지구의 중력에 의해 아래쪽으로 당겨지는 힘을 받고 있다. 한편 동일한 엘리베이터가 설치된 우주선이 우주 공간을 이동하고 있다고 하고 그 엘리베이터 안에 사람이 서 있다고 해보자. 이 우주선은 사람이 서 있는 방향에서 수직 위로 가속 운동을 하고 있다. 이 경우 엘리베이터 안의 사람은 가속하는 방향에 대한 반대인 아래쪽으로 당겨지는 힘을 받게 된다. 이 두 경우에서 사람이 느끼게 되는 힘은 지상의 경우에는 '중력', 우주선의 경우에는 가속에 의한 '관성력'인데, 정작 이 사람은 지상에서나 우주선 안에서나 자신에게 작용하는 힘의 차이를 느끼지 못한다. 극단적으로 말하면 자신이 탄 엘리베이터가 지구 상에 있는 것인지 우주선 안에 있는 것인지 분간할 수 없다. 아인슈타인은 이런 중력에 의한 힘과 가속에 의한 힘을 같다고 보고 물리적으로 '등가'의 위치에 놓은 것이다(중력질량=관성질량).

그는 이 등가 원리를 토대로 일반 상대성 이론의 중력장방정식을 내놓았다. 그는 특수 상대성 이론을 통해 시간도 공간과 마찬가지로 상대적이라면서, 시간은 3차원 공간과 별도의 것이 아니라 '4차원의 시공간'으로 공간과 함께 생각해야 한다고 말했었다. 그런데 일반 상대성 이론의 중력장방정식에 이르러서는, 이제 시공간을 중력과 함께 고려하게 된다. 중력은 물질의 질량에 의해 결정되고 질량이 큰 물질일수록 중력의 세기가 커져 주위의 모든 것을 휘게 만드는데, 일반 상대성 이론은 질량이 큰 물질 주위에선 시공간마저도 휘게 된다고 말한다. 물질의 질량에 따른 중력이 시공간을 변형시키고, 시공간이 변형됨으로써 물질도 그 영향을 받는다는 것이다. 고전역학에서 중력이 단순히 물체 사이의 만유인력으로 다뤄졌다면, 아인슈타인의 방정식에서는 중력과 시공간의 관계를 계량화하는 식이 성립돼, 이제 중력은 시공간이 휘는 정도, 즉 '시공간의 곡률'로 표현되기에 이른다. 따라서 일반 상대성 이론을 달리 표현하면 '시공간을 기하학적으로 구조화한 이론'인 셈이다.

사람들은 시공간이 중력에 의해 휠 수 있다는 개념을 쉽게 받아들이지 못했기에, 처음 일반 상대성 이론이 발표됐을 때는 과학계에서조차 미심쩍어했다. 이 이론이 옳았음이 공히 증명된 것은 1919년 에딩턴의 개기일식 실험에 이르러서였다. 강한 중력장에 의해 공간이 휘어져 있다면, 그 공간을 통과하는 빛도 당연히 휘게 될 것이다. 에딩턴은 다른 별에서 나온 빛이 태양을 통과하면서 태양의 중력 영향으로 휘는 것을 관측하는 데 성공해 이를 실제로 입증했다.

일반 상대성 이론은 중력이 강하게 미치는 세계를 다루므로 우주론에 있어 지대한 영향을 끼쳤다. 예를 들어 블랙홀의 존재를 예측한 것도 이 이론을 통해서였다. 슈바르츠실트가 구한 아인슈타인 방정식의 해는 블랙홀의 존재 이유를 설명해준다. 질량이 큰 별은 별로서의 일생을 마치고 한없이 수축하게 되는데, 그 질량에 해당하는 중력 반경에 비해 중력장의 크기가 작으면 그 주변의 시공간의 곡률이 점점 커지게 되고 결국에는 그 중심에서 빠져나올 수 있는 탈출 속도가 광속에까지 이르러 빛조차도 밖으로 나올 수 없게 된다. 외부로 전혀 빛을 발하지 않아 블랙홀이란 이름이 붙은 것이다.

시공간을 기하학적으로 표현해 물질같이 다룬 일반 상대성 이론은 과학계뿐 아니라 철학·사상계에도 큰 충격과 파장을 일으켰다.

통일장 이론

★ 전 세계의 수많은 물리학자

세상의 모든 물리적 현상을 설명하려는 수학 모델의 별명

아직 이 이론에 대한 증거는 하나도 없다.

일상생활의 현상들은 대부분 뉴턴의 고전역학으로 설명할 수 있다. 그러나 광속에 가까운 속도나 강한 중력이 작용하는 우주 같은 거시 세계라면 아인슈타인의 상대성 이론으로만 설명이 가능하다. 또 소립자와 같은 미시 세계는 양자역학으로 설명된다. 20세기 물리학자들이 중력과 시공간, 기본 입자의 운동 등 우주의 모든 현상들을 설명할 수 있는 통합 모델을 만들고자 하는 것은 어쩌면 당연한 욕구일 것이다.

전 세계의 물리학자들은 성배를 찾는 기사들처럼 수십 년 동안 기본 입자와 힘의 작용을 통합한 단일 이론을 찾아왔다.

기본 입자는 물질의 최소 단위의 입자다. 가장 널리 알려진 기본 입자로는 전자와 양성자, 중성자가 있다.

표준 모델에 따르면, 우주는 네 가지 힘으로 구성되어 있다. 중력(gravity)은 멀리 떨어진 물질 사이에 작용하는 힘으로 의자를 바닥에 붙어 있게 하거나 행성이 제 궤도를 돌 수 있게 하는 힘이다. 전자기력(electromagnetic force)은 전하를 띤 입자 사이에 작용하는 척력과 인력을 의미하며, 이를 통해 전구가 불을 밝히고 엘리베이터가 올라갈 수 있다. 강력(strong force)은 원자핵이 서로 결합하도록 하는 힘으로, 이 힘은 양성자와 중성자가 원자핵 내에서 결합해 있을 수 있도록 한다. 약력(weak force)은 원자력의 일종으로, 우라늄과 같은 방사성 물질의 방사능 붕괴 시 기본 입자가 원자핵을 날려 보낼 수 있도록 한다. 이 힘들의 크기는 매우 다양하다. 이 힘들을 크기순으로 정리하면, 강력＞전자기력＞약력＞중력이다. 강력은 전자기력보다 100배나 더 강력하며, 중력에 비해서는 10^{36}배 더 강력하다.

아인슈타인은 1916년 중력의 작용에 대해 설명한 일반 상대성 이론을 발표한 이후, 중력과 전자기력을 결합하려고 시도했으나 실패했다. 1970년대에 다른 물리학자들이 약력과 전자기력의 경우에 전자약력(electroweak force)이라는 하나의 힘으로 볼 수도 있다는 사실을 증명했다. 이 힘에 강력을 추가해보려는 시도를 대통합 이론(grand unification theory, GUT)이라고 한다. 그러나 중력을 추가하려는 시도는 지금까지도 물리학자들을 괴롭히고 있다.

이 문제에 대한 해결책은 1980년대에 물리학자들이 초끈(superstring) 이론을 발표하면서 제시되었다. 모든 물질은 상상할 수도 없을 만큼 작고 얇은 끈으로 이루어져 있다는 이론으로, 이 끈은 10^{33}개를 일렬로 늘어놓았을 때 1센티미터에 지나지 않을 정도로 그 두께가 얇으며, 이토록 가는 끈이 지속적으로 진동함으로써 우주가 만들어진다고 가정한다. 이 이론은 상대성 이론의 모순을 해결할 수 있다. 초끈 이론 외에도 다양한 만물 이론들이 제시되고 있지만, 아직 인정받은 이론은 초끈 이론을 포함해 단 하나도 없다.

물리학자들은 여전히 성배를 찾고 있다. 다른 여러 분야의 과학자들도 마찬가지다. 지식의 탐구는 계속되고 있다. 아인슈타인은 한때 "빛의 영역이 커질수록 그 주위를 둘러싼 어둠의 영역도 커지게 된다"고 말했다. 우리의 지식이 아무리 증가한다 해도 여전히 그 주위에는 어둠이 존재할 것이다.

찾아보기

ㅂ